儿童情绪心理学

庞向前◎著

当代世界出版社
THE CONTEMPORARY WORLD PRESS

图书在版编目（CIP）数据

儿童情绪心理学 / 庞向前著 . -- 北京：当代世界出版社，2017.9
ISBN 978-7-5090-1269-7

Ⅰ . ①儿… Ⅱ . ①庞… Ⅲ . ①情绪－儿童心理学 Ⅳ . ① B844.1

中国版本图书馆 CIP 数据核字 (2017) 第 229862 号

儿童情绪心理学

作　　者：庞向前
出版发行：当代世界出版社
地　　址：北京市复兴路 4 号（100860）
网　　址：http://www.worldpress. org. cn
编务电话：（010）83908456
发行电话：（010）83908410（传真）
（010）83908408
（010）83908409
（010）83908423（邮购）
经　　销：新华书店
印　　刷：北京紫瑞利印刷有限公司
开　　本：710mm × 1000mm　1/16
印　　张：18.5
字　　数：250 千字
版　　次：2017 年 11 月第 1 版
印　　次：2019 年 9 月第 4 次
书　　号：ISBN 978-7-5090-1269-7
定　　价：39.80 元

序言：情绪是孩子内心的朋友

在孩子的世界里，“情绪”这个抽象的概念不存在，他们只能从喜怒哀乐中感受心情的变化，并寻找发泄不良情绪的通道。

引导孩子与情绪做好朋友，是家长的重要职责。相信孩子处理情绪的能力，也是一种关爱。一方面，家长要引导孩子学会控制自己；另一方面，要给予孩子足够的空间，不去干预他们的任何情绪，让他们学会与特定的情绪相处。

有一家儿童早期教育机构，致力于引导孩子准确表达自己的情绪，完善他们的心智及情商。在这里，每个孩子都能得到尊重，哪怕他们无端地发脾气，而老师是孩子们永远值得信赖的伙伴。

艾米是这所学校的一个学生，喜欢哭闹。这一天，她又在大厅里哇哇喊叫，老师立刻赶过来，问道：“亲爱的，发生了什么事？”

艾米一边哭一边说：“我碰了一下露西。虽然给她道歉了，可是她不肯原谅我。我很难受，让我哭一会儿吧！”

老师试着安慰艾米：“这的确是一件令人难过的事。不过没关系，她可能太生气了，等一会儿她就会原谅你。”

但是，老师的安慰丝毫不奏效，艾米仍旧流着眼泪。“好吧，让老师陪你待一会儿吧！”老师的请求又被艾米拒绝了，而这个可怜的孩子仍旧哭泣不止。

过了一会儿，艾米的哭声停止了。老师走过去，发现她早已把刚才的不愉快忘了，正在和其他小伙伴一起玩耍，看上去心情非常不错。

哭是一种表达情绪的方式，艾米非常难过，所以让她哭一会儿就能解

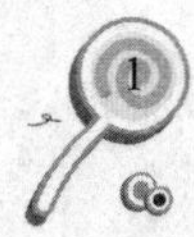

决问题。孩子伤心的时候，可能并不需要任何人的陪伴，让他们单独体验一下情绪，过后就会恢复如常。

情绪是孩子内心的朋友，放手让孩子学会与喜怒哀乐相处，对提升他们的心理承受力很有必要。对父母来说，让哭泣的孩子体验伤心，让高兴的孩子更高兴，才是做好孩子情绪管理的重要内容。也就是说，家长应让孩子学会接受痛苦和快乐这两种情绪，而非不知所措。

对孩子来说，情绪是一个陌生而又深奥的东西，但在日常生活中又常伴左右。那些不良情绪就如同小树上应该被修剪的枝杈，拥有积极、健康的情绪才有利于成长。做好孩子的情绪教练，父母要善于引导，更要学会放手。教会孩子如何与情绪相处比安慰更重要，因此聪明的父母、老师不会阻碍孩子对情绪的认知与处理。

当孩子生气、悲伤的时候，许多父母会极力否定这种情绪，妄想立刻把孩子从不良情绪中拉回现实世界。但是，这是不可能实现的。这时候，你只需告诉孩子说出内心的感受，并提醒他们下次遇到这种情形时应该怎么办，就足够了。

例如，一个孩子跌倒了，妈妈立刻冲过去抱着孩子安慰：“马上不疼了！”然后，冲着旁边的凳子呵斥，好像在帮助孩子撒气。然而，这并不能帮助孩子在下次跌倒时学会调节情绪，告别伤痛；他们甚至会越来越害怕一个人走路，对突然跌倒涌起一股奇怪的恐惧感。

对父母来说，最重要的是理解孩子的心理活动，感受他们不同时刻的情绪体验，并尊重他们的感受。而后，再给予帮助和指导，自然容易成为孩子的好朋友。

当然，父母作为心智成熟的人，要及时发现和疏解孩子的不良情绪。针对不同年龄阶段的孩子，给予必要的情绪关爱，并善于帮助孩子引导、疏解各种不良情绪，就能让孩子拥有健康的心理，保持积极乐观的情绪，成为一个身心健康的人。

目　录

儿童情绪管理：帮助孩子培养内在感知力

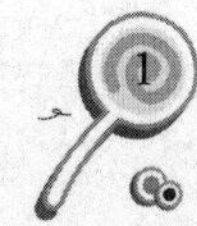

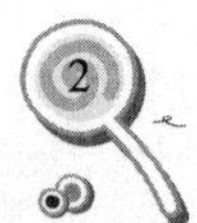

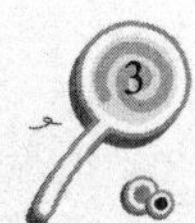

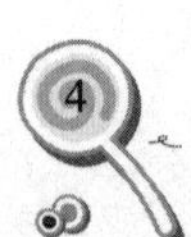

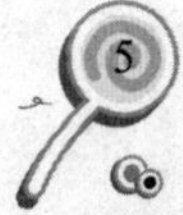

儿童情绪管理：帮助孩子培养内在感知力

儿童的情绪表现相当丰富，具体表现模式以欢笑、哭泣、撒娇、取闹和发脾气为主。由于语言沟通不畅，父母很难分清楚孩子的情绪变化与情感需要。因此，针对不同年龄段的孩子，父母要充分理解各种情绪背后的信号，从而作出恰当的回应。

当情绪来敲门，如果父母能够在第一时间给予正确的回馈，就能帮助孩子获得良好的情绪体验，从而培养他们内在感知力，让他们与这个世界融洽相处。做到这一点，对于进一步帮助孩子培养健全的人格、良好的性格极其重要。

第1章　0～2岁：针对不同情绪进行自我安慰

0～2岁的孩子还不会用语言表达情绪，他们会观察外界环境，进行必要的自我安慰，表现出微笑、啼哭。此时，父母要善于对他们进行情绪安抚，免受外界刺激性事物的影响。

1. 准确理解婴儿的面部表情

姗姗已经12个月大了。有一天，妈妈发现她在做一件事情之前，总会盯着自己的表情，好像是在寻求指导。事实上，妈妈脸上鼓励的微笑或者是焦虑的皱眉，会传递给孩子不一样的信息。

通过一段时间的观察，妈妈发现了一件很有意思的事情。把一个新玩具放在离姗姗不远的地方，然后分别做出3个特定的面部表情：微笑，害怕，无所谓的表情。结果显示，孩子看到妈妈害怕的表情时，会更快地爬向妈妈，并渴望得到更多身体上的抚慰；而当孩子看到妈妈另外两个表情时，则没有激烈的情绪反应。

通过这个观察，妈妈发现姗姗针对不同的面部表情作出了有选择性的、不同的反应。当妈妈做出正面的、鼓励性的表情时她就会变得大胆；而做出害怕的表情时她就会变得畏首畏尾。儿童的这种反应明显不是模仿父母，而是根据父母的表情做出的判断。

孩子也会通过表情来表现自己的需求，比如宝宝瘪起小嘴，好像受了委屈似的，这很可能是要开哭的先兆，也是对成人有所要求的信号。这时，父母要细心观察，了解宝宝的要求，适时地去满足他们的需要，如喂奶、换尿布等。

婴儿有两种最基本的情绪反应：当生理需要得到满足时出现的愉快情绪，一般表现为笑；当生理需要得不到满足时出现的不愉快情绪，一般表现为哭。婴儿的笑意味着他的生理需求得到了满足，而且周围的环境也是舒适的，他感受到了安全和温暖，这一切都让他觉得非常愉快。

“笑”不仅仅是一种情绪反应，还是一种重要的交流方式。人类是唯一会笑的灵长类动物，笑是人类最原始的交流方式。笑在人类的生活中扮演着很重要的角色，尤其是对于刚刚出生，还没有掌握生存技巧的婴儿来说，笑就显得更为重要了。

刚出生的婴儿需要在父母的帮助下才能生存，这就需要他们在无法用语言表达自己的需求前，与父母建立起一种交流方式——笑。事实上，婴儿天生会用笑来与看护者“互动”，他们会依靠肢体动作和面部表情来表达自己的需求。

即使婴儿长大后，语言能力发展了，笑仍然会是一种非常有效的交流方式。这就表明，笑不仅仅是生命早期替代语言的一种交流方式，同时也是人们在传递情绪、表达情感时终身受用的有效方式。

在生活中，很多宝宝会通过丰富的面部表情来向爸爸妈妈展示自己的内心世界。宝宝虽然年龄小，但是需求颇多。可是由于无法用言语表达，所以他们只能通过表情来表现。父母要在生活中仔细观察宝宝们这些细微表情的含义，了解宝宝的需求，给予细心周到的呵护。当宝宝出现以下表情时，父母就要注意了。

（1）懒洋洋——吃饱了。

父母最怕宝宝饿着，但是喂食过量也并不是好事。那么，怎样判断宝宝是否已经吃饱了呢？其实很简单。当宝宝把奶头或奶瓶推开，将头转向一边，而且显出一副四肢松弛的懒洋洋模样，多数表明已经吃饱了。

（2）喊叫——烦恼。

不到1岁的宝宝，在嘈杂的环境中很容易受到干扰，但苦于口不能言，只好用大哭大闹来表达自己的烦恼。这时，父母可以带宝宝去安静的地方散步，或者用食物、玩具让宝宝安静下来。同时，父母也要做个好榜样，无论有多生气，都不要在孩子面前表现出来，要不宝宝也会模仿的。

宝宝们虽然因为年龄的原因不会说话，但是他们还是可以通过面部表情来表达自己的感受，所以面部表情就是孩子与父母沟通的渠道。父母们一定要留心观察，那样才能更好地照料宝宝。

人们都知道，面部表情是人类内心想法的忠实呈现。它从人类本能出发，不受思想的控制，无法掩饰，也不能伪装。对父母来说，通过面部表情可以深入了解婴儿内心的真实想法。

2. 婴儿渴望得到安慰

晨晨在5个月大的时候开始吸吮手指和拳头，并且从中获得乐趣和安慰。妈妈看到孩子吸吮手指，每次都会不停地抱怨，甚至紧握着孩子的手，不让她动。时间长了，孩子就会急得哇哇大哭。

起初妈妈见到晨晨吸吮手指，以为她饿了，于是给孩子喂奶。但是，只有孩子发怒的时候，奶嘴才能够安抚情绪。有时候，晨晨并不喜爱奶嘴，无论妈妈怎么哄，她仍旧大哭不止，只有让她继续吸吮手指，才会停止哭泣。

后来，妈妈不得已去请教这方面的专家，通过专家的讲解，才明白原来吸吮手指是幼儿在紧张、惊吓或是单纯需要放松入睡时进行自我安慰的方式之一。孩子在1岁以内出现大量的吮指行为是正常的，在第二年会稍有减少，而在第三、第四年间会进一步减少。专家建议妈妈给晨晨买一些毛绒玩具，果然有了玩具吸引注意力，晨晨就很少吸吮手指了。

婴儿小的时候内心比较脆弱，经常会受到外界的刺激。所以，父母要经常注意孩子小时候表现出来的自我安慰的行为。具体来说，这些行为包括吸吮手指，对某个玩具、衣物或毛毯等形成特殊的依恋等。当孩子表现出这些行为时，父母不用过于担心，因为自我安慰能够帮助幼儿应对自我的情绪状态，并进行情绪的自我调节。

情绪分析

每个婴儿都有自我调节的能力，这是婴儿调整自己反应的能力。神经的髓鞘化在2岁左右完成，髓鞘是神经外所包裹的脂肪组织，它能够提高神经传导的效率。这在一定程度上促进了幼儿反应调节能力的提高。

对刚出生的宝宝来说，吸吮是一种天生的需求。新生儿大脑发育尚未成熟，还不能控制自己手的动作，等长到2～3个月时，宝宝才开始出现手上的动作，这时手就成了宝宝的一种有趣的玩具。当宝宝感到不安、烦躁时，就会通过吸吮手指来平复自己的情绪。

由于很多妈妈的喂奶方法不正确，喂奶时距离宝宝不够近，宝宝感受不到爱和温暖，这种情况不能满足宝宝吸吮的欲望。还有一种情况是采取了人工喂养，奶嘴开口太大，宝宝吸吮速度快。在这两种情况下，即使宝宝的肚子饱了，但在心理上还没有得到满足，所以便会以吸吮手指的方式来代替。

有些宝宝不喜欢整天睡觉，渴望周围的亲人可以同他一起玩耍。如果父母过分忙碌，以至于忽略了宝宝与外界交流的需要，宝宝便会通过玩弄自己的手指和吸吮手指来解闷。

虽然说吃手对宝宝有好处，但是如果宝宝吸吮手指的时间过长，就是一种不良习惯了。因此，父母在平时也要注意预防宝宝过分吸吮手指。那么，具体应该怎么做呢？

（1）行为忽视。

如果宝宝吸吮不是十分严重，父母可以采取置之不理的态度。父母自身不但要克服内心的焦虑，还要控制自己的情绪与行为。

（2）满足宝宝充分吸吮的需要。

妈妈在喂奶的时候，心境要保持平和，不急不躁，以免给宝宝造成压

力。要尽可能喂母乳，等宝宝主动吐出乳头时再离开。如果是人工喂养，奶嘴开口的大小要适中，不可太大，以有效控制奶液的流速，要让宝宝有足够的时间来满足吸吮的需要。在哺喂宝宝时，要注意不能只给宝宝营养，还要提供足够的关爱和温暖。比如，在喂奶的时候，可以用手轻轻地抚摸宝宝的头、面颊，叫他的名字等。

（3）多陪陪宝宝。

身为父母不能因为工作忙，就忽略了宝宝。要知道，父母是宝宝的精神寄托，所以平时应该多搂抱、陪伴宝宝，要利用空闲时间多和宝宝说说话、唱儿歌、玩玩具或看图画书等，使他有安全感、幸福感、满足感。慢慢地，宝宝就不会通过吸吮手指来进行自我安慰了。

（4）给宝宝提供合适的玩具。

很多时候，宝宝是因为无聊才用吃手来打发时间的。对此，父母可以为宝宝提供一些能够用手拉、扯的玩具，比如手摇铃、悬吊玩具等，宝宝拉、扯玩具会比吸吮手指更有成就感，于是渐渐地，他就会减少把手放到嘴里的动作。

（5）提升宝宝的认知能力。

父母平时可以多带宝宝出去活动、郊游，带他多接触一些不同类型的事物，同时多跟宝宝交流互动。这样，不但能让宝宝多接受周围事物的刺激，增加他对其他事物的兴趣，还能让宝宝在各种丰富多彩的活动中，有了新的更健康的方式和寄托，这样他就不会有事没事只想着吃手了。

最后，需要注意的是，在纠正或帮助宝宝戒除吸吮手指的习惯时，应该循序渐进，找对方法，千万不能操之过急，否则会把焦虑的情绪带给宝宝，使宝宝产生压力。正确的做法是先分析吸吮手指的原因，然后再对症下药，这样才能迅速有效地解决问题。

写给父母的话

“吃手”是宝宝的一种健康的自我安慰的方式，是其成长过程的一种心理需求，父母无须加以干涉和阻止，只要注意必要的卫生即可。随着年龄的增长，这个习惯就会消失的。

3. 为何产生强烈的依恋情绪

天天3个月大的时候，妈妈就去工作了，平时在家里都是奶奶带着她。天天也很懂事，从来都不耍脾气，更不会像别的孩子那样哭着喊着找妈妈。通常，只要奶奶陪着她，和她一起玩游戏，她就很乖巧。家里人都夸天天懂事。

但是最近，天天变了，一见到妈妈，就会往妈妈身上爬。只见她双手抱住妈妈的脖子不撒手，小脸往妈妈脸上贴，生怕自己被丢下。天天这样黏人，害得妈妈什么家务都做不了。最让人头痛的是，妈妈不能离开天天的视线。每天早晨妈妈要去上班的时候，奶奶都需要费很大的劲儿才能把她从妈妈的怀里抱下来。

有一次，天天撕心裂肺地哭得跟小泪人似的，妈妈看着孩子哭得喘不上气来的样子，眼里也噙满了泪水，使劲把女儿搂在怀里，娘俩一起哭了起来。一家人都看不下去了，个个抹眼泪，觉得亏待了这么小的孩子。很多时候，遇到这种情况，天天的父母都会手足无措。

还有一次，一家人各自忙各自的事情，天天也坐在小车里玩得不亦乐乎。但是晚饭时间到了，家人去饭厅吃饭，忘记了带上她。结果，天天坐在小车里大声尖叫！直到妈妈跑过来，把天天抱到餐桌前坐下，看着大家吃饭，才又破泣为笑。

天天惧怕分离的这种情况叫作“分离焦虑”。宝宝从1岁左右起，和妈妈分离时，就会出现分离焦虑。之所以出现这种情况，是因为宝宝在逐渐长大，清楚地意识到自我的存在。因为此时的宝宝还停留在“母婴共生”阶段，觉得自己和妈妈是一体的，分开了就见不到妈妈了，会很没有安全感，所以会撕心裂肺地哭闹。有了自我意识的宝宝，非常害怕被丢弃，他们需要时刻感觉到父母爱他，跟他在一起。如此一来，他才会感到安全，才会快乐地玩耍。否则就会哭闹，争取父母的爱。

宝宝们出现强烈的依赖情绪很正常。通常，这种情绪会出现在他们1岁之前，但是在1～3岁这段时间达到顶峰。大约8个月大时，宝宝会意识到他和别人是相互独立的。从生长发育上来讲，这是认知过程里一个令人兴奋的里程碑。但是，对宝宝自身来说，这种新认识会使他感到焦虑。

生活中经常可以见到，妈妈在的时候，宝宝可以让别人抱着，而且还会在别人的怀里玩得很好。但是妈妈不能离开宝宝的视线，否则他们双手连同身体都会指向妈妈的方向。这是因为，宝宝知道妈妈要离开，所以担心被抛弃而大哭大喊。

虽然宝宝的分离焦虑是一种成长现象，但是，情绪波动太大，对宝宝的成长不利，也影响大人的心情。如果妈妈智慧一点，狠心一点，就能减少或者缓解宝宝的分离焦虑，帮宝宝顺利度过分离焦虑期。

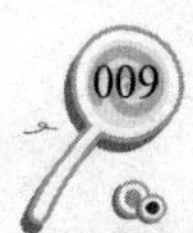

（1）做好分离缓冲。

妈妈可以在离开之前，对宝宝说出离开的时间、理由，让宝宝心里有谱，知道妈妈不是真的抛弃他，就不觉得分离时间很长。有些妈妈还会告诉宝宝，妈妈离开后，宝宝会由奶奶照顾，奶奶也很爱他，照顾他的方式也是宝宝喜欢的，宝宝就更容易接受了。如果奶奶配合得很好，宝宝就更加相信妈妈的话了。有了这个过程来缓冲宝宝的情感波动，就减轻了宝宝的心理震荡。

妈妈和宝宝分离的时候，千万不要流露出留恋、依依不舍的神态，更不要连连回头看宝宝。否则，宝宝觉察到妈妈的内心需求，体会到妈妈对自己的依恋，仿佛受到了“鼓励”一样，更容易闹情绪。

（2）继续巩固宝宝内心的安全感。

妈妈离开时，有的宝宝只是稍微闹一会儿，妈妈一解释就好了。妈妈走后，他也能很好地玩耍。平时，他也不是经常黏在妈妈身上，能够跟妈妈以外的人玩耍。妈妈不在的时候，他也不哭着喊着找妈妈。

这样的宝宝，一般都是父母在合适的时期给孩子建立了比较好的安全感。发展心理学认为，0～2岁的宝宝，需要有规律的满足和舒适的照料，能做到这一点，宝宝就会对周围世界产生信任感；否则，就会对周围世界产生怀疑，形成消极品质。因此，这个阶段的发展任务是更好地建立、巩固宝宝的安全感。

写给父母的话

为了让宝宝能以积极的心态面对环境，在他出生后，父母要给予完美的照顾，除了及时满足宝宝的生理需要外，还要多和宝宝玩耍、做游戏，多鼓励、夸奖宝宝。这样宝宝就会比较乐观，信任妈妈，信任周围的人，从而有足够的心理承受力面对分离，对父母的依赖也就不会那么强烈了。

4. 帮助幼儿应对外界恐惧

娇娇已经10个月了，一直由妈妈照顾着。一天，爷爷奶奶来看娇娇。奶奶看到娇娇，伸出双臂把娇娇抱了过去。可是出乎意料，娇娇看了看奶奶，就“哇”的一声大哭了起来。然后，爷爷过来逗娇娇，也想要抱一下，可她仍然大哭不止。于是，妈妈赶快把娇娇抱起来，这时她立马安静了下来。爷爷奶奶笑着说：“我们娇娇长大了，知道认人了!”

有的时候，娇娇还会抱着自己心爱的毛绒玩具不肯撒手，奶奶觉得孩子抱着玩具太累，想帮她拿开，她反而会不高兴。后来，奶奶仔细回想了一下，娇娇开始抱着玩具，好像是从妈妈上班开始的。

前一阵子，妈妈开始上班了，于是让奶奶在家带娇娇。上班之前，妈妈给孩子买了一个毛绒玩具，娇娇和玩具玩了几天，就形影不离了。后来，妈妈才知道，这是因为孩子对外界有恐惧的心理，所以当家长不在身边时需要抱着玩具，从中得到安全感。

为了帮助娇娇克服恐惧，晚上妈妈会在屋里开一盏灯光柔和的台灯，给她讲一个有趣的故事，或者唱一首摇篮曲。在得知娇娇很怕黑之后，妈妈故意经常把灯关上，和娇娇在房间里玩捉迷藏，还让娇娇看外面美丽的夜景、天上的星星。没多久，娇娇就不害怕了。

有恋物情结的孩子，其共同特点是仿佛生活在一个独立封闭的空间，

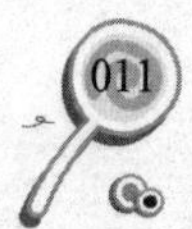

外界的阳光、雨露，甚至快乐都与他们无关。他们对外界充满了恐惧，只有在和妈妈或者自己的玩具的“二人世界”中才能够获得安全感。

孩子也向往美好的事物，但是他们没有勇气相信这些事物也可以属于自己。所以，父母帮助孩子消除对外界的恐惧，最好的方法就是打开宝宝阴暗的小心灵，放入亲情、乐观和阳光。

对0～6个月的宝宝来说，看不到的东西就是不存在的，也包括爸爸、妈妈和陌生人。也就是说，他们没有熟悉或陌生的概念，也没有恐惧反应。但是，随后就会在一夜之间，对外界产生恐惧。

6～12个月时，宝宝进入联系期，开始和某些印象深刻的人建立起联系。通常，这些人是妈妈和爸爸，或者是在宝宝饿了、困了或害怕的时候可以求助的人。所以，当宝宝意识到妈妈不在房间里时，便会大声喊叫，渴望得到关爱和陪伴。

当宝宝过了12个月之后，这种恐惧感就会随着成长而慢慢消失。在接下来的几个月里，对外界恐惧的宝宝将学到如何信任他的“联系人”，因为他们总是能回到他的身边。渐渐地，宝宝借助经验形成这样的感觉：在自己需要的时候，妈妈真的会马上出现，所以也就不那么害怕陌生的事物了。

对外界恐惧是宝宝情感发展的一个重要里程碑，也是宝宝成长过程中的一个重大进步。这意味着宝宝开始区分周围的事物了。

有些父母为了不让宝宝害怕，就避免让宝宝接触陌生人，或者见到有些人时，只是远远地打个招呼，然后就抱着宝宝赶快走开了。其实，这样做并不好。因为这样对宝宝来说，就会失去一些与人打交道的机会，减少了一些有意刺激，宝宝的生活圈子也就变得狭小起来，从而阻碍了其智力与社交能力的发展。

研究和事实都证明，在先天条件相同的情况下，生活在丰富多彩环境中的宝宝，会比生活在单调乏味的环境中的宝宝聪明一些。

当然，有些父母为了锻炼宝宝，会强行把宝宝放到陌生的环境中，结果导致他们的抗拒心理越来越严重，甚至产生真正的心理问题。显然，这种做法是不可取的。

写给父母的话

父母对宝宝的恐惧感要有一个正确的认识，不要慌乱，帮助他们温柔地度过这段时期。千万不要因此责怪宝宝，或对他们发脾气，否则宝宝会认为父母生气是因为陌生人，更难对陌生人产生好感。

刚开始的时候，父母可以抱着宝宝去接触外界的事物。比如，当妈妈带宝宝出门时，可以抱着他们跟阿姨打招呼，并围在一起聊天。这样一来，宝宝就会慢慢熟悉周围的人了，并进一步熟悉外界的环境。

第2章　3~4岁：理解快乐和伤心等简单情绪

情绪就如同人的影子，形影相伴。孩子到了3~4岁的年纪，开始学习不同的情绪表达技巧，并与外界进行情绪交流。为此，父母要培养孩子的情感能力，读懂他们的内心，让孩子学会正确地表达自己的情绪。

1. 孩子的性别意识开始觉醒

志杰出生于军人世家，虽然是一个女孩，却有一个男性化的名字。原来，父母希望生一个男孩，继承家族的军人传统。为此，他们在培养志杰的过程中，也是按照男孩的标准来抚养。

除了女儿的名字是按照男孩标准起的，衣服、玩具也都是偏男性化的。志杰3岁以前，父母从来没有明确地提示过她的性别。逛商场的时候，志杰向父母要洋娃娃、毛绒玩具、小女孩穿的连衣裙，这些要求从来没有被满足过。

生活中，志杰的娇气早已经被父母给驯服了。直到3岁那年，孩子进了幼儿园，各种问题才暴露出来。此时，志杰的父母才意识到自己的教育方式是错误的。每次女儿回到家中，总是不说话，有时候脾气非常暴躁，还向父母发火。

迫于无奈，父母到志杰的幼儿园向老师了解情况。原来，志杰上幼儿园之后，看到小女孩大都穿着连衣裙，说话娇声娇气。班里的女孩子经常在一起玩，但是，志杰总是无法融入其中。女孩子嫌她说话粗声粗气，穿着男孩的衣服，私下经常叫她“男子汉”；而男孩子则嫌她是女孩子，不喜欢和她一起玩。

所以，志杰在幼儿园里根本就没有玩伴。每次下课，她只能眼巴巴地看着其他小朋友成群结队地在一起玩。为此，志杰在幼儿园和家中总是闷闷不乐，不知道自己应该怎样做才能得到同伴的认同。

一般来说，幼儿在2～3岁之间就已经明确自己的性别了。他们会有意识地观察同性，并且想亲近同性。除了生理学决定了孩子是男孩还是女孩外，性别意识很大程度上取决于父母和家人的教育方式、性别认同。显然，志杰的父母在教育孩子时，产生了严重的误差。

父母从心理上不愿承认志杰是女孩，并且按照培养男孩的教育方式来培养志杰。因此，志杰有了明确的自我性别定位后，立刻产生了各种烦恼，并且情绪失落、自我封闭。为此，父母必须摆正自己的养育方式，让孩子正确地意识到自己的性别，并按照性别的不同而给予不同的培养。

让孩子认识到男孩、女孩的性别差异，在教育上应该区别对待。具体来说，要把握好以下要求。

在男孩子性格的培养上，应该让男孩子从小就学会勇敢、坚强、自信。男孩子在学校中经常犯错误，遭到老师的批评，甚至有时候家长也会受到牵连。千万不能因为孩子犯错误而施以严重的惩罚，以此期望孩子永不再犯错误。这时候，最好的方式是晓之以理、动之以情，告诉他这件事将会带来的后果。然后，让他们自己做出决定，这样到了将来某个关键时刻，他们也能自己做出选择，并且主动承担相应的后果。

在家里，要突出父亲的榜样作用。幼儿的模仿能力极强，尤其是对同性之间的模仿。这时候，男孩子在心目中会将“父亲”作为模仿的对象。父亲的良好品格，会在潜移默化中影响到孩子的成长。显然，父母的乐观、刚正不阿、有责任心等品质，都是儿子模仿的对象。

女孩子大多善解人意、温柔美丽，有自己的独特气质。为此，在培养女孩子的问题上，父母必定会更加操心。由于女孩子爱发脾气，而且比较敏感，所以在女孩子的培养上必须有耐心，生活中要仔细观察孩子的行为，及时发现孩子不对劲的地方，并做好及时沟通。

男孩子以父亲为榜样，女孩子经常以母亲为榜样。培养女孩子，要突出母亲的榜样作用。为此，母亲在日常生活中必须注意自己的言行举止，遇事沉稳有耐心。母女之间可以多多沟通，交流自己的经验。平常可以带着女儿外出游玩，让她开阔视野，培养自由随性的气质。

许多父母出于个人意愿，总是按照自己的主张培养孩子，却忽略了他们逐渐觉醒的性别意识。这直接导致孩子对自我性别辨识度不高，给以后的生活带来种种不便。为此，父母必须摆正自己的教育方式，按照男女性别的不同，给孩子以正确的性别教育，帮助他们走好人生的第一课。

2. 培养孩子良好的情感能力

由于父母工作繁忙，乐乐从小就被送到乡下由姥姥抚养。家里只有一个孩子，加上老人对儿孙的溺爱，让乐乐养成了以自我为中心的坏习惯。生活中，他不懂得与伙伴分享玩具、零食，遇事不满意就大哭大闹，直到遂了自己的心意。这些小脾气并未被姥姥察觉，在她眼中外孙是最好的。

到了3岁的时候，乐乐被接到城里开始上幼儿园，结果那些不良习惯逐渐显现出来，使乐乐遭遇了各种矛盾。遇到自己喜欢的食物或者玩具，乐乐不知道与别人分享，总是按照自己的方法待人接物，由此遭到小朋友讨厌，无法与小朋友们一起玩耍。

老师经常给乐乐的父母打电话，告诉他们孩子在幼儿园的糟糕表现，尤其是经常和小朋友吵架。直到这时，父母才开始意识到儿子的教育方式出现了问题，但是由于工作繁忙，乐乐仍然处于被放逐的状态。

一个星期天，家里来了朋友。朋友带着一个与乐乐年龄相仿的小朋友，父母难免将他与乐乐做了一番比较，并真正意识到乐乐的行为方式有多差。在短暂的相处中，乐乐总是任性地独自玩耍，任何玩具都不分享给小伙伴。吃饭的时候，他要求妈妈将自己喜欢的菜品放到眼前，稍不满意就大发脾气，完全没有任何顾忌。

而朋友的孩子很懂事，总是尽量满足乐乐的心愿，并且还时不时逗乐乐玩。看到乐乐发脾气，这个孩子还安慰乐乐的妈妈。朋友的孩子乖巧懂事，体察人心，待人接物很有礼貌，这让乐乐的父母陷入了长久的沉思。

简单来说，情感就是人在需要的事物面前，得到满足或者得不到满足时的情感体验。而情绪是情感的具体体现和直接体验。由此看来，情感和情绪具有紧密的联系。良好的情感和情绪对人的成长有巨大的影响，这种良好的情感和情绪其实就是高情商。

高情商的养成并不是一蹴而就的，同样良好的情感能力也不是速成的。研究表明，良好的情感和情绪不仅有益于孩子的身心成长，而且还有利于儿童的性格培养，促进其智力发展。为此，父母不仅要关注儿童的健康饮食，还要关注孩子的精神需求，培养和发展孩子的良好情感和情绪，促进身心共同成长。

乐乐的父母显然没有重视乐乐的精神需求，没有培养他的情感能力和管理自己的情绪的能力，结果导致其个人主义倾向日益严重。那么，如何培养孩子良好的情感能力呢?

首先，保证家庭和谐。家庭是孩子的第一教育场所。良好的家庭关系，民主的生活氛围，孩子耳濡目染，无形中也会效仿这种氛围。父母为人正直、方正不阿、有责任感，有利于培养孩子纯良的品性。由于父母的榜样作用，孩子在为人处世中也会诚实善良。这样一来，孩子的情感能力自然而然也会得到正面提升。

其次，为孩子营造独立空间。任何人都需要独立成长的空间，对孩子来说更是如此。如果外界干预太多，反而不利于孩子独立思考、自主行动。独立空间不仅包括生活中的空间，还包括思想上的空间。简单来说，生活空间就是给孩子独立活动的场所，让他们独自生活。思想空间主要是让孩子自己做决定，父母不要将自己的意愿强加给孩子。这样，孩子亲身经历的事情多了，就能具备自主决断的能力，从而独当一面。

最后，适当发挥教师的引导作用。教师对孩子的影响很大，他们会通过各种教具来辅助教学。显然，教师注意营造分享、友爱、互帮互助的和谐氛围，有利于孩子健康成长。通过同龄人之间的带头作用，让儿童在教师的教导下分清是非，也能让他们在约束下自由成长。

良好的情感和社交能力对儿童独处以及与他人融洽相处具有重要作用。儿童具备察言观色的能力，从自身情感出发，设身处地为他人着想，这是高情商的第一步。3岁多的孩子开始学习辨认和推论别人的情绪，这是建立社会结构和自我肯定的关键一步。

3. 别对幼儿的心灵施加暴力影响

方方之前是一只快乐的百灵鸟，在幼儿园她和同学快乐地玩耍，谈论着自己的父母，将快乐分享给他人。回到家里，她变成父母的小助手，帮妈妈做家务，帮爸爸递个书报，一家人其乐融融。

可是，这种美好的时光随着父母关系的恶化一去不复返了。父母感情上出现了裂缝，虽然同住在一个屋檐下，可是整天冷漠相对，时不时吵上一架，这在邻居看来早已经是司空见惯。受此影响，方方也像变了一个人。

后来，方方转到一所寄宿幼儿园，只有周末才回到家里。每次回家，看到家里乱糟糟的，让人心情低落。原来，父母平时不在家里，只有方方回来，他们才临时过来。父母经常为了一点小事争吵起来，起初方方还试图劝阻，可是最后他们把气都撒到方方身上。方方不敢劝架了，每次看到父母争吵只好默默地回到卧室，度过一段难挨的时刻。

这种沉默成了方方的常态。在幼儿园中，听到小朋友谈论自己的父母，她不再说话了，总是沉默无言。课下小朋友们出去玩耍，方方仍然坐在教室里，经常发呆走神。小朋友询问方方，她总是委屈地哭泣，什么也不肯说。渐渐地，方方成了一个沉默寡言、内向自闭的孩子，那个快乐的百灵鸟一去不复返了。

英国作家毛姆曾说过：“自尊心是一种美德，是让一个人不断向上发展的原动力。”很多父母总是认为自己感情上的问题并没有直接影响到孩子，他们对孩子仍然和和气气的，百依百顺。但是，他们并没有注意到，这种有问题的家庭氛围给孩子造成了极大的心灵伤害。

心理学家曾说过，在大多数情况下，对儿童的虐待并不仅仅局限于身体上残害，还包括对他们情感上的虐待。显然，这种情感上的虐待对儿童的伤害要远远大于身体上的虐待。具体来说，这种情感上的虐待表现为以下三种类型：

第一种是垄断型。这种类型的父母往往不顾及孩子的感受，经常把自己的好恶强加给孩子，强迫他们按照自己的意志来行事。这种情况下，孩子没有任何的自主权，连自己的情绪可能都无法支配。这种环境中长大的孩子，往往胆小怕事，遇到事情没有自己的主见。长此以往，孩子很难适应社会。

第二种是忽视型。父母对孩子总是放任自流，很少表达自己的关爱，

甚至对孩子的抱怨也无动于衷。孩子学习成绩上取得进步，父母置若罔闻；行为上懂事有礼貌，父母毫不在意；孩子痛哭流涕，父母敷衍了事。这种环境下长大的孩子，往往没有任何安全感，对周围的事物漠不关心，对人世间的一切缺乏同情心。

第三种是抹杀型。父母根本看不到孩子的任何成就，总是以一种“恨铁不成钢”的态度对待孩子。孩子在学习或者生活中遇到困难，父母不会予以帮助，同时也抹杀掉孩子过去的成就。这种环境下长大的孩子，往往没有任何自尊心而言。遇到事情，自卑胆怯是常态。一旦犯错误，他们会极力为自己开脱。

可以说，任何父母都逃不掉上面这些类型，只是多与不多的问题。正所谓“当局者迷，旁观者清”，这句话很好地说明了父母对孩子情感上的虐待。如果父母明确意识到自己行为有问题，那么就应该摆正自己的位置，多扪心自问一下：“我是否经常对孩子发脾气？”“我是否经常迁怒于孩子？”“我是否经常对孩子进行否定？”“我是否对孩子漠不关心？”经过这样的反省之后，如果确认自己有这样的行为，应该改正这种“暴虐行为”。

写给父母的话

孩子是爱的结晶，也应该以爱来教育。父母应该提高自身修养，尊重和理解孩子。孩子是一张白纸，上面书写的很大一部分来自父母。父母如果一次次地对孩子心灵施暴，那么白纸上会写满父母对孩子的伤害，并且将会伴随孩子的一生。为此，父母在斥责孩子时，应该保持理性，选择最好的沟通方式，尽量减少对孩子心灵的伤害。

4. 透过肢体语言读懂孩子的内心

婷婷乐观、自信、懂事，是很多家长眼中的乖乖女。她待人诚恳，乐于助人，能够准确地读懂其他小朋友的心理，并且及时地给予帮助。为此，很多小朋友愿意和她一起玩耍。所以，很多家长都知道婷婷，对她投来赞许的眼神，并且时常劝告自己的孩子多和婷婷玩耍，以她为榜样。

每次幼儿园要开家长会，婷婷的妈妈都被众多家长围在其中，向她讨教养育孩子的方法。婷婷的父母也乐于告诉其他家长育儿的诀窍。原来，婷婷的妈妈也没有什么特殊本领，只是善于从婷婷的肢体动作中，分析孩子的情绪变化，并且及时地给予适当的帮助。

例如每次班级排名后，一看到婷婷耷拉着脑袋回到家，不用询问成绩，就知道情况不妙。这时候，父母不会立刻询问婷婷，而是通过一些小故事间接地告诉她，任何事情都不是一帆风顺的，失败是成功之母。

逛商场的时候，妈妈非常注意婷婷的眼神。给孩子买衣服时，虽然妈妈对某件衣服非常满意，但是看到孩子眼中始终是黯然无神、郁郁寡欢的样子，就知道婷婷并不满意。这时候，妈妈也不会强求孩子，而是带着她继续逛下一家店铺。这样做，既尊重了孩子的意愿，同时孩子也学会了民主，对妈妈心存感激。

客人来到家里，婷婷欢天喜地地将心爱的玩具分享给小朋友，并且一边比划一边告诉对方开心的事。吃饭的时候，她将自己喜欢的菜品分享给小朋友，告诉他们这道菜妙在哪里。客人告辞时，婷婷还将自己的玩具送

给小朋友。妈妈知道，婷婷非常喜欢这个小朋友，并且玩得非常快乐。

显然，妈妈并没有什么通天本领，她只是善于从女儿的肢体动作中读懂孩子罢了。因此，孩子与妈妈相处很融洽，每天过得很开心。

故事中的婷婷无疑是一个幸福的孩子，父母认真观察孩子的肢体动作，用心感受孩子的肢体语言，并且及时地给予行为、语言上的指导，帮助孩子健康、快乐地成长。

事实上，任何一个孩子都有自己独特的肢体语言体系。关爱孩子，就从关心他们的肢体语言开始，理解他们的内心感受与情绪变化。具体来说，读懂孩子的肢体语言必须注意以下几点：

第一，读懂孩子的眼神。

俗话说，“眼睛是心灵的窗户”。孩子的眼睛更加纯粹，更加能反映出孩子的单纯想法。如果一个孩子一直盯着一件东西，无疑他对这件东西非常感兴趣，并且希望父母帮忙买下来。面对自己喜欢的东西，眼神往往神采奕奕；而闷闷不乐的时候，孩子的眼神往往黯淡无光。爱孩子，并不是仅仅表现为语言上的答疑解惑，更加表现在无形中的感同身受。

第二，读懂孩子的表情。

孩子对一件事情的好恶大多都写在脸上。了解孩子，首先要读懂他们的表情。怏怏不乐往往一脸阴沉，欢喜高兴往往面带微笑。这些最直接的表情往往是内心情绪变化的映射，父母应该从中了解孩子在想什么，并给予合理的建议或指导。

第三，读懂孩子的肢体动作。

孩子蹦蹦跳跳地玩耍，是快乐的表现；大力甩门，是气愤的表现；坐立不安，肯定是有什么事情令人烦躁。生活中，孩子不经意间表现出这些

肢体动作，都大有含义。通过这些举手投足间的动作，父母可以读懂孩子的情绪。

语言学家艾伯特·梅瑞宾曾说过：“人与人之间的沟通，非语言沟通占93%，而语言沟通只占7%。”在非语言沟通中，有55%是通过面部表情、肢体形态、手势等肢体语言进行的。这说明很多话语并不仅仅靠语言传达，因此聪明的家长善于通过肢体动作辨别孩子的情绪变化。从长远来看，读懂孩子的肢体语言，不仅能给他们精神上的慰藉，而且对他们的心理健康发展也具有重要意义。

第3章 5~7岁：关注个人主张和情绪体验

依个体不同，每个人的情绪体验也不尽相同。儿童到了5～7岁的年龄阶段，会表现出一些奇怪的行为。父母应该认真观察，严阵以待，找到合适的方法，帮助孩子培养自制力。

1. 识别、理解自身的情绪

静静今年5岁了，母亲为了让女儿更好地识别自己的情绪，特地报了一个幼儿兴趣班。他们期望孩子能够对自己和他人做出识别，同时理解自己的不同情绪会给他人带来的不同感受。当然，最重要的是期望女儿能够管理好自己的情绪，为以后能成长为一个高情商的人做准备。

不仅如此，父母在家里或者公共场所也经常结合实景来教静静一些情绪知识。例如，有一天，父母本来打算带着静静出去游玩，但是爸爸突然要开一个会。为此，静静和妈妈只好等着爸爸开完会再出去。

妈妈看着女儿嘟着嘴，一脸哀伤的样子，于是灵机一动，询问道："静静，你现在是什么感觉？"静静看了妈妈一眼，回答道："我现在非常烦。"妈妈告诉静静："你这是非常生气，因为爸爸要开会，没有时间带

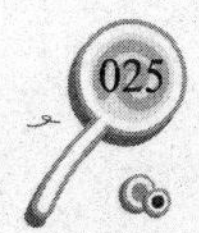

你玩，为此你特别生气，同时，你也非常焦虑。一方面，爸爸不能马上陪你玩；另一方面，你又急切地盼望爸爸出现。”

稍后，静静看到妈妈一直看表，也灵机一动：“你是不是也非常着急，因为爸爸一直不出现。”妈妈非常惊讶，女儿竟然学习速度如此快，于是问道：“你从那里看出来的呢？”“因为妈妈一直在看表，并且不时地朝外面看。”

看到女儿领悟能力这么快，妈妈非常高兴。

当儿童长到4～5岁的时候，他们会通过自身感受和别人的表情，对情绪有了一定了解。同时，他们也会体验到很多不同的情绪。从身心愉悦、激动不已到伤心绝望，几乎都会经历。在生活中，他们面对不同的事情，脸部表情非常丰富——大哭、大笑、嘟嘴、抖腿等，表现出沮丧、愤怒、焦虑、羞愧、害怕、骄傲、嫉妒等情绪变化。

虽然儿童有丰富的表情和情绪，但有的时候并不能准确地说出内心的感受，或者找不到合适的词汇表达出来。为此，儿童在成长过程中有一项重要的任务，就是学习情绪并且学会准确地表达出来。这种学习包括怎样辨认情绪、理解情绪和管理自己的情绪。

具体来说，辨认情绪就是儿童给特定情境下产生的各种情绪命名，或者描述这种特定情绪。例如，“当父母上班时，留你一个人在家，你是不是感觉非常孤单？”“心爱的玩具丢了，你是不是感到非常难过？”“逛商场的时候，你与妈妈走散了，一个人是不是感到非常害怕和焦急？”把这些情绪的分门别类，是儿童正确辨别情绪的第一步，也是非常重要的一步。

其次是理解情绪。理解情绪重在谈论当时的感受，这种感受会带来怎

样的体验。这时候，父母需要做孩子情感的倾听者，信任孩子，并且鼓励他们说出自己当时的感受。父母的倾听会鼓励孩子勇于表达自己的感受，同时让孩子明白这会对他人产生怎样的影响。父母也应该做补充，告诉他们这种情绪一般发生在什么情景之下，应该用什么情绪正确地表达出来，这种情绪是否合理，是否健康。

最后是管理情绪。这对很多成年人来说仍然是一件非常困难的事情，那么对儿童来说就更加难了。管理情绪是从小就引导孩子学习管理自己的情绪，慢慢地积累情绪掌控的经验。遇到问题时，父母要引导孩子有意识地克制自己的情绪。毕竟，这时候儿童对自我情绪的掌控还无法运用自如，往往产生较大的情绪波动。

当今社会人人都想做一个高情商的人，但这种高情商绝对不是一蹴而就的，而是一个日积月累的过程。为此，从孩子开始有了情绪的体察时，就开始引导孩子认知情绪、辨别情绪，从而更好地掌控自己的情绪。

父母是孩子最好的老师，为此应该担当起孩子的情绪教练这一角色。通过实景教学，让孩子一步步学习各种情绪，为以后出色管理自身情绪打下基础。

2. 满足孩子“自尊”的心理

贝贝对任何事情都抱有浓厚的兴趣，加上父母的鼓励，往往能迅速

掌握新事物，让人刮目相看。上小学之后，贝贝的这种自信使他进步非常快，得到了老师和其他家长的一致肯定。

有一天，父母陪伴儿子去跆拳道馆。由于第一次来这里，起初孩子有点儿怯场，总是站在父母旁边，不敢走得太远。随着对环境的逐渐适应，贝贝和其他小伙伴玩到了一起。自由活动结束后，老师开始上课了。有一个环节是锻炼拳力，要求打断几块木板。

为了照顾新同学，贝贝被老师叫到前面来示范。看到厚厚的几层木板，他开始退缩了。贝贝看着妈妈，表现出怯懦的神情。妈妈看在眼里，走到孩子旁边，温柔地鼓励道："你可以先试试，其他小朋友稍后也要示范呢！"听了妈妈的话，贝贝大胆地走到队伍前面，运足力气试了一次。但是，木板仍然无动于衷，挑战失败了。

老师为了照顾到其他同学，并没有让贝贝试第二次，仅仅说了几句鼓励的话。贝贝回到原来的位置，妈妈看到儿子失望的表情，知道孩子受了挫折。下课之后，妈妈把贝贝叫到旁边，手里拿着几层薄薄的薄板。妈妈耐心地说："贝贝，你现在再回忆一下老师讲解的技巧，再打一次，肯定能成功，不要害怕！"

贝贝没有犹豫，按照老师说的方法击打了一次，结果成功了。贝贝脸上露出了久违的笑容，向围观的小朋友会心地一笑。看着儿子的笑容，妈妈也由衷地笑了。其实，贝贝并不知道，妈妈暗中拿出了一块薄板。

根据心理学家解释，自尊是对个体价值的体验，也是个体对自我重要性的认知。培养一个孩子的自尊心，重要感、力量感和成就感缺一不可。贝贝的妈妈显然是在培养孩子的自尊心，让他有成就感，进而激发其学习的自主性和主动性。在妈妈的努力下，贝贝明白了自己有能力取得成功。

幼儿时期，培养孩子的自尊心，满足孩子合理的需求是非常重要的。为此，父母要从以下三个方面入手，帮助孩子获得良好的情绪体验，培养健康的情绪认知能力。

首先，培养孩子的重要感。

简单来说，重要感是个体对自己是否重要的一种认知。过去的一胎政策，使得很多孩子形成了“霸王心态”，以自我为中心，为所欲为。这种心态下，孩子明显将自己看得太重要了，对成长来说过犹不及。长此以往，孩子会凡事都从自己出发，从不在乎他人的感受，甚至为了自己的利益践踏他人的权益。

从当下来说，二胎政策的放开，使得两个孩子在父母心中的重要感不一样。据社会学领域调查发现，家庭中第二个孩子经常不受待见。由于长子的身份，第一个孩子在家中具有不可撼动的地位，二孩往往处于相对尴尬的位置。为此，父母必须照顾到次子的感受，让他意识到自己在家中的地位也是不可取代的。

其次，培养孩子的力量感。

这种力量感的培养，必须允许孩子有独立的空间，独立地做事。“自己的事情自己做”，这是自古以来的育儿警示。只有独立做事，孩子才能感受到自己的力量和能力。孩子跌倒了，鼓励他自己爬起来，从而学习爬起来的动作，掌握平衡能力，形成危机意识。孩子失败了，鼓励他从头再来，从而培养他锲而不舍的精神、勇于战胜困难的意识。孩子所做的任何事情，都是一步步来的。为此，父母不能将自己的人生经验强加给孩子，名义上是减少孩子犯错的机会，其实是在关闭孩子释放个人潜能、培养多项能力的大门。

最后，培养孩子的成就感。

所谓成就感是在完成一件事后，自己所产生的自豪感和愉悦的情感。幼童时期，孩子其实有非常强烈的自尊心，他们渴望得到肯定，渴望得到

大人的夸奖。为此，他们会通过自己的力量从大人那里得到赞赏。但是，许多父母往往害怕孩子受苦受累，阻止他们进一步行动，结果制约了其动手能力，使其失去了行动失败后面对挫折的磨炼机会。

例如，儿童想扫地，父母因为害怕会碰伤孩子而阻止。这时候，他们往往非常生气，丢掉扫把，生气地跑到一边，同时一种无力感也会在头脑之中形成。其实，父母根本没必要担心，只需要给他们配备上一把合适的小工具，让他们随心所欲地去做就可以了。放手让孩子去做，不仅有助于他们从动手训练中获得成就感，还会因此产生愉悦的心情，获得良好的情绪体验。

关爱孩子，不是把他们囚禁在笼子里，整日观赏，而是依据他们的心理需求，满足其自尊心。这种自尊心的培养，不仅是尊重孩子的表现，也是对孩子作为独立个体的肯定。当孩子开始对负面的东西有所抵制，并因夸奖感到喜悦时，往往就是自尊萌芽的开始。父母一定要抓住这一关键时期，满足孩子的自尊心，完善其人格培养与情感塑造，促使其在不断肯定自我中成长进步。

3. 应对孩子做事“三分钟热度”

萧萧今年5岁了，可是对任何事情总是缺乏耐心。现在想画画，过一会就去打游戏了，根本无法静下心来专注地完成一件事。

为了培养儿子的耐心，父母特地买了很多漫画书。萧萧总是胡乱地翻一遍，然后就把它放一边了；逛商场时，萧萧看上一件玩具，求着妈妈买回家，可是还没玩一天就抛到一边了；看动画片，总是来回换台；睡觉前，让妈妈讲故事，还没听几分钟就开始不耐烦了。

在幼儿园里，萧萧也坐不住，过一会儿就要站起来，摇头晃脑四处张望；手工课上，一会儿想剪一头大象，一会儿又想剪一只小白兔，结果最后什么也没有做好；上课时，一会儿动动铅笔，一会儿拿拿转笔刀，一会儿玩玩橡皮，一刻也闲不下来。

每次开家长会，老师总是单独把萧萧的家长叫到一边，罗列萧萧的种种罪状。父母也无可奈何，老师提的建议他们都照做了，但是成效依然不大。

萧萧的“三分钟热度”成了父母最头疼的问题，他们经常请教心理学家。但是专家却解释道，萧萧的这种表现属于正常情况。可是与其他孩子相比，萧萧明显太过没有耐心了。

正如心理学家所说，萧萧这种“没长性”是这个年龄段孩子的正常情况。孩子到了5岁的年纪，缺乏做事的耐心，不能长时间地干好一件事，总是率性而为，这反映出他们缺乏自我掌控的能力，思维也极具跳跃性，不能自主地控制个人行为。

对孩子这种缺乏耐性的行为，父母需要尊重事实，但是不能完全忽视，应该根据孩子的身心特点予以适时地引导。任何好习惯都不是一时半刻培养出来的，孩子的耐性同样也需要一点点地训练。

要想培养孩子的耐性，首先必须知道孩子为什么会缺乏专注力，只有知道问题的症候才能对症下药。

首先，发现孩子的兴趣所在。

俗话说，“兴趣是最好的老师”。没有兴趣的事物，即使是成年人也很少能够坚持下去，更不要说对于没有持久力的儿童了。为此，父母想让孩子持续做好一件事情，首先要发现孩子的兴趣所在，或者培养孩子的兴趣。

其次，家庭环境的影响。

周围环境尤其是家庭环境，对孩子的持久力产生了非常大的作用。家庭环境嘈杂，众多姐妹，或者父母时常争吵，这样的环境无疑对培养孩子的持久力是不利的。此外，家庭环境缺乏活力，家庭环境不和谐，孩子也会察言观色，心里装着很多事，自然无法静下心来专注地做好事情。

最后，辅助教具不适合孩子的心理年龄。

很多家长抱怨，家里给孩子买了很多书，但是孩子根本就不看。很多情况下，家里的辅助材料只是家长对孩子的期许，并不是孩子的兴趣所在。而且，有的书籍根本就不是孩子这个年龄段的读物，孩子对这些书不感兴趣也就很正常了。所以，父母要善于引导孩子自主选择自己喜欢的书籍，从而培养他们认真阅读的好习惯。

那么，知道孩子做事“三分钟热度”的原因后，父母应该如何对症下药呢？

第一，孩子在做任何事情之前，父母应明白告诉他们做这件事情的目标和要求，让他们在心理上有一个准备。如果孩子没有耐心，做到一半想要放弃，这时候父母应该谆谆教导，循循善诱，或者通过奖励吸引孩子继续做下去。

第二，创造适宜的学习环境。和谐的家庭环境是治愈孩子任何心理疾病的良药，父母要多抽出时间陪伴孩子，让他们感受做成一件事情是多么有成就感，自然容易在良好的亲子互动中引导孩子出色地完成一件事。

第三，按照孩子的要求，买合适的图书。父母可以带着孩子去书店，

让他们自己选择。在选择之前可以与孩子制定规则，如果能够看完，实施奖励，如果没有看完整本书，那么下次就没有选择的权利。这样，孩子就会为了自己的权益而有意识地完成任务。

孩子的持久性是慢慢培养出来的，需要持之以恒。这期间，当然少不了父母的陪伴。对孩子来说，陪伴恰恰是最好的学习机会。儿童随着年龄的增长，这种长久性会越来越恒定。为此，父母不必焦躁，不用逼迫孩子做事情，否则会适得其反。

4．注重培养幼儿的自制力

西西从小体弱多病，家人为了照顾她的情绪，经常顺着孩子的心愿。这种情况一直持续到西西5岁的时候，但是她的脾气已经变得糟糕透了。

逛街买东西的时候，只要西西看到自己喜欢的商品就要买，如果父母不答应，就当众躺在地上打滚，大哭大闹。父母一看到周围人的眼光，赶紧答应了西西的要求。吃饭的时候，西西稍不满意就把筷子扔到一边，大声抱怨饭菜不好吃。只要父母多说两句，她就立刻号啕大哭。

上幼儿园第一天，西西坚决不进幼儿园门。无奈之下，父母只能陪伴在孩子的身边，这一陪就是两个星期。西西玩耍的时候突然想到父母，假如看不到他们的身影，就会立刻哭闹起来，根本不管他人的劝解。

对此，父母非常无奈，后悔小时候一直对孩子太过骄纵。虽然西西有时候也知道自己做得不对，并向父母保证绝不再犯，但是不久又变回老样子，仍然照做不误。

显然，西西知道自己的做法是错误的，但是等到下一次，她仍然无法控制自己的情绪，不能按正确的方法去做。为什么西西的自制力这么差？到底如何培养自制力呢？

简单来说，“自制力”是一个人能够自如地控制自我情绪和行动的能力。有时候你非常生气，但是理智告诉你，生气是错误的，这时候人们就能有意识地控制自己的情绪。自制力有利于激励人们按照正确的方法果断采取行动，同时也会对不符合既定目的的情绪和行动采取有效抵制。

儿童自制力差是正常现象，由于年龄特点和发展水平的制约，他们不可能有效地控制住自己的情绪和行动。那么，背后的原因有哪些呢？

首先，与儿童的生理发展水平有紧密的关系。儿童的大脑中枢神经还没有发展完善，遇到兴奋的事情时缺乏自我控制力，容易产生某些过激行为。

其次，与儿童所处的环境相关。成长环境顺利，一旦遇到逆境，儿童的自制力就会失去掌控。许多父母都会顺着孩子的心愿，不愿意违背他们。结果，以后稍有不顺心，孩子就无法承受，也控制不了自己的情绪，表现为个性脆弱。

既然自制力这么重要，那么应该如何培养孩子的自制力呢？

（1）良好的习惯是培养自制力的第一步。

按时睡觉、起床，定量饮食，不挑食、不偏食，给孩子养成良好的生活习惯，并且监督他们施行。长此以往，孩子的约束力就会慢慢增强，知道定时定点应该做什么。有的家长为了培养孩子的自制力，将他们送到寄宿学校，这不失为一个好方法。

（2）让孩子对自己的行为作出评价。

一开始，可能孩子并不会评价。这时候，父母可以给孩子讲一些寓言故事，让他们讲讲自己喜欢谁，为什么喜欢，然后循循善诱，告诉这样做事的正确与否，由此延伸到孩子身上，并督促其对自己做的事情做出评价。这样，孩子慢慢地会按照他们眼中的是非曲直来行事，约束自己的言行。

（3）发挥父母和同龄儿童的榜样作用。

众所周知，儿童的效仿能力很强。为此，在家中，父母必须约束好自己的言行，潜移默化地影响孩子，让他们从父母身上学到正能量。在学校中，老师应该鼓励孩子向榜样学习，乐于帮助同学，做个正直、善良、热心的少年。

除此之外，父母也可以利用动画片、图书来影响孩子，告诉他们要向优秀的人学习，赢得同伴的赞赏和喜欢。

孩子的自制力不是一朝一夕可以养成的，需要长期坚持训练。遇到复杂的事情，多帮孩子分析后果，告诉他们这样做会产生什么样的结果，让他们自己做出决定。有的时候，孩子做出的决定不对，也可以让他们试错，在不断尝试中理解各种可能性，从而有意识地约束自己的思维、情绪，朝着积极方面发展。

5. 多动症缘于情绪固化或混乱

苏珊是一家公司的普通职员，家庭生活还不错，她有一个7岁的儿子杰克。不过，最近一段时间，她变得焦虑起来，因为杰克患有轻微的多动症。

原来，苏珊管教孩子的方式简单粗暴，常常因为一件小事就大声斥责，结果杰克遇到困难或委屈时不敢表达出来，总是把真实的想法隐藏在内心深处。

其实，杰克是一个心思细腻的孩子，对任何事情都有较高的期待；然而，苏珊个性耿直，不拘小节。每次给儿子讲睡前故事的时候，为了节省时间，苏珊总是不自觉地跳过某一段文字，结果被杰克觉察到了，并要求重读。这时候，苏珊就会很生气，甚至叫喊起来。

看过心理医生后，苏珊才知道自己的教育方式存在问题，导致杰克的情绪一片混乱。由于各种不良情绪得不到排解，杰克长期被反复叠加的复杂情绪困扰，结果丧失了自我调节情绪的能力，发展为多动症。

医生建议苏珊，教育孩子时首先要调整好自己的情绪，并且多一些耐心和关爱。经过一段时间的调整和努力，杰克的病情有所减轻，慢慢恢复了活泼的性格，而且母子关系越来越融洽，家庭氛围也越来越和谐。

容易发怒、性格孤僻、无法静心……这些都是多动症的表现，孩子

出现这种状况往往暴露出了其潜在的情绪问题。如果不能提早发现这种症状，并引导孩子控制情绪，会影响到孩子日后的身心健康。

多动症的专业名称是“注意缺陷障碍”，特发于儿童学前时期，活动量多是最基本的症状。患有多动症的孩子注意力不集中，参与事件的能力差，与特定的外部环境有密切关系，尤其是家庭环境。

比如，家庭经济困难、内部成员不和睦、教养方式不当等，都会对孩子的心理健康产生不良影响，造成情绪的固化或者混乱，使孩子丧失与生俱来的情绪自我调节能力。

根据多动症的成因来看，家长要结合自身和周边环境帮助孩子调节情绪，减少他们内心情绪固化或者混乱的现象。

儿童心理研究者认为，孩子更需要被倾听。对家长来说，站在孩子的角度倾听他们的烦恼，想象和感知他们的心情，是亲子沟通的关键。为此，家长需引导孩子平静地说出内心的真实想法，这样有助于帮助其梳理个人情绪。

在孩子准确表达情绪的基础上，家长要明白他们的需求，并据此采用合理的方式帮助孩子调节情绪，引导他们成为乐观、积极的人。

孩子有自己的情绪世界，家长不应该用好恶影响孩子，遇到问题时多思考自己的教育方式是否妥当，而不是一味地责怪孩子。懂得尊重孩子、理解孩子的父母，更容易赢得信任，而不是让人畏惧。

多动症不是可怕的疾病，家长要认清导致这种情况的缘由是什么，并加以调整。少一些责怪，多一些引导；少一些训斥，多一些耐心，家长才能成为孩子的知心朋友。

第4章　8~10岁：学会辨别自我与他人情绪

每个人的情绪都是捉摸不定的，瞬息万变。孩子到了8～10岁，开始熟练掌握察言观色的本领，学习与人交流和沟通。此时，父母应注意帮助孩子掌控个人情绪，并理解他人的情绪，提高社交能力。

1．孩子多了一些同理心

青青家的老猫前两天病逝了，她非常伤心。

第二天，青青来到学校，同桌的贝贝看到一向开朗好动的青青竟然一直默不作声，急忙询问其中的缘由。听到贝贝关切的问询，青青的眼泪禁不住流下来。她伤心地说："我的宠物去世了，没有老猫陪在身边玩，感到非常伤心。"

贝贝听完，想起自己之前养的那只小狗去世的情景，也显得非常伤心。为此，她将自己的经历告诉了青青，并且安慰她不要伤心。之后，贝贝还送给青青一只小白兔，跟她分享养兔子的经验和快乐。

相比较而言，同班的佳佳就显得缺乏同情心。妈妈生病在家中休养，可是佳佳一直缠着妈妈，要妈妈陪她出去玩。即使最后终于被妈妈说服在家中玩，也不管生病的妈妈需要休息，仍然大吵大闹，一刻也不停歇。

同是小朋友，为什么贝贝和佳佳差别这么大呢？原因在于贝贝具有极强的同理心，因此很容易感受到青青伤心时的体验，而且能够设身处地地替对方着想。

同理心有别于同情心，有了同情心不代表着有同理心，反之亦然。具体来说，同情心是情感的共鸣，而同理心涉及的范围更广，它不仅能感受到别人的心情，而且也能融入到他人的角色。同理心并非天生，而是后天养成的。

佳佳缺乏同理心这方面的培养，为此不能设身处地地为妈妈着想。一般情况下，孩子没有同理心或者同理心比较薄弱，与下面两个原因有关。

一是爱的方式不对。关爱孩子并不一定是对孩子百依百顺，要啥买啥，也不是整天给孩子灌输学习对未来的重要性；而是有节制地爱，对孩子的缺点及时指出并要求改正，让孩子懂得分享，懂得帮助别人。

二是爱的缺失。儿童是最需要父母关爱的，在爱的呵护下孩子才能更容易茁壮成长。为此，父母如果对孩子的任何事情不管不问，冷漠处之，那么孩子对周边事物也会更加冷漠，从而缺乏基本的同理心。

那么，应该如何培养孩子的同理心，如何帮助他们摆脱自我中心主义呢？

第一种方法：让孩子感受到关爱和温暖。试想，如果孩子周边都是

一些冷漠的人，从来不对别人施加帮助，“各人自扫门前雪，莫管他人瓦上霜”，这样的环境很难让孩子具备同理心。多让孩子接触到生活的“亮点”，多参加公益活动，自然有助于培养他们感同身受的能力，并拥有一颗爱心。

第二种方法：培养孩子的同情心。可以说，有童心的儿童更加容易具有同理心。让孩子多接触具有同理心的图书和漫画，和孩子讨论故事中的人物以及内涵，可以激发孩子的同情心。多帮助他人，有时家长也可以发挥自己的榜样作用，多关怀他人。这样，孩子耳濡目染之后也会参与其中。

第三种方法：让孩子注意别人的感受。当孩子犯错误的时候，表现出不礼貌的行为，或者冒犯他人时，父母千万不可包庇孩子的过错，从而错失掉培养孩子同理心的机会。这时候，父母一定要及时指出孩子的问题所在，并且帮助他改正。通常，可以让孩子设身处地地考虑一下别人的感受，如果自己也感到痛苦，那么别人也是痛苦的。当孩子的行为给他人带来正能量的时候，也要让他知道。这样一来，孩子慢慢就会具备体察他人感受的能力。

美国哈佛大学心理系教授阿瑟·齐亚米考利曾说过：同理心会让人产生想要改变自己与他人生活的力量。这样的力量，是孩子内心正义感促发所产生的行动力，拥有同理心的孩子更有动力向前走。培养孩子的同理心，让孩子的“诚实、谦逊、接纳、包容、感恩、希望与宽恕”代替“说谎、狂妄自大、目中无人、见利忘义、狭隘自私”，是家庭教育的应有之义。

2. 建立友谊有助于培养良好情绪

倩倩和凡凡是一对双胞胎，两人外貌长得非常像，但是性格上却迥然不同。随着两人一块上学之后，这种性格上的差异表现得就更加明显了。

倩倩性格外向活泼，乐于和小朋友玩耍。小伙伴的铅笔丢了，她会主动拿出自己的铅笔借给对方；下课的时候，她总是和小朋友一起玩游戏，跳皮筋、丢手绢，大家都喜欢她参与进来；回到家中，倩倩总是围绕在父母身边，告诉他们今天哪个小朋友送给自己糖果，同时也告诉妈妈她帮助了谁。

相反，凡凡却大不一样。她总是喜欢坐在教室里，独自一人画画、写字；下课后，凡凡一般也不会和小朋友玩，最多的时候就是站在远处观望大家玩耍；回到家中，凡凡一般不会提及小伙伴，只是告诉妈妈今天学了什么。渐渐地，凡凡更加内向了，如果没有人跟她说话，她就保持沉默。

妈妈看到凡凡这个样子，心里非常着急。虽然她也知道，每个人社交意愿不一样，但是孩子不善于与人交往总是令人担忧。有时候，妈妈也会督促倩倩，让她带上凡凡玩耍，但是凡凡很难与小伙伴融为一体。

在米里亚姆·科恩的著作《我会有朋友吗》中，故事中的主人公吉姆在第一天去学校的路途中，问父亲：他是否会有朋友？这个问题几乎出现

在每一个将要入学的儿童脑海中，这个问题也显示了儿童社会性和情感发展的一个重要特征：建立和维持友谊。

显然，在社交中凡凡是处于被动的。由于诸种原因，她不愿意参与到社交关系中来。而倩倩在社交中，明显收获非常大。在和其他小朋友相处时，倩倩学会了分享，喜欢把自己的东西分享给别人；在游戏中，多个小伙伴相互协作，共同游戏，获得了合作的快乐。这些乐于结交的儿童，往往能非常快速地适应新的环境，并且获得同伴的认可。

8岁以后的儿童，倾向于亲近同龄人，并且将自己最喜欢的玩具分享给他人。他们在与伙伴交往中，会开阔视野，并逐步掌握与人相处的技巧。例如，客人来家做客，大家一起玩耍。在这些新的情境中，儿童开始有意识地处理新冲突，以此来巩固友谊。这些同龄人的交往，无形中提高了儿童的认知能力和社交水准。

那么，如何鼓励儿童参与到同龄人的交往中来呢？

首先，将孩子送到学校或者小朋友多的地方。一些内向的儿童，可能一开始因为胆怯等具体原因不愿意到学校或者娱乐场所。这时候，父母应该鼓励孩子和同龄人交流，并且向他们讲述自己的经历，以周边的朋友作为榜样。以此告诉孩子，每个人都应该有自己的朋友。

其次，在家中举办聚会。孩子有了朋友之后，可以邀他们到家里做客。家长留给孩子一定空间，让孩子在交往中学会分享。当朋友到来的时候，提醒孩子将自己的玩具分享给朋友，并让他们一起玩耍，这时候大人最好不要参与其中。因为在这中间，他们会有自己的交往需求，以及处理问题的能力。

最后，给孩子讲关于友谊的故事。可以买一些图书，让孩子自己看书，父母在旁边引导，告诉他们关于朋友的一些有趣的事情。家长也可以将自己与朋友间的有趣经历，讲给孩子听，鼓励他们也应该有属于自己的朋友。

除此之外，在假期的时候，父母也别让孩子陪同自己一味沉浸于大人的世界中，毕竟很多时候，儿童应该有自己的社交圈子，而父母参与的圈子不适合儿童的身心发展。为此，父母可以带孩子去少年宫，或其他儿童娱乐场所。在这些地方参观或游戏，孩子会不自觉地参与其中，并且和其他小朋友打成一片。

每个人都是独立的个体，儿童也应该有自己的独立空间，这一独立的空间不妨从孩子应该有属于自己的朋友开始。儿童结交朋友，不仅有助于认知层面和社交能力的增强，还有利于孩子身心健康的发展。

3. 开始面对同伴评价带来的挫折感

刚上小学没几天，阳阳一直闷闷不乐，沉默寡言。妈妈非常奇怪，去学校向老师了解情况，老师也说不出来什么原因，还以为阳阳一直是这种性格。

妈妈知道，阳阳一定有什么事情不高兴，所以才这样。毕竟之前的儿子一直是个开朗的小宝贝。幼儿园时，阳阳和很多小朋友都玩得很好，一起做游戏，一起回家，把好吃、好玩的东西分享给小伙伴。但是，为什么现在他会变得沉默寡言呢？

随后，妈妈开始细心观察儿子的举动。结果发现，儿子最近与好友

童童联系很少，放学回家也没有同行。吃晚饭的时候，妈妈细声地问道：“最近你怎么没和童童一起回家呢？”儿子顿时吃了一惊，看到妈妈关切的眼神，终于大哭起来。

原来，上了小学之后，童童与阳阳开始疏远了，经常和比自己大一年级的伙伴玩耍。对此，阳阳感到很伤心，好几次站到童童身边，想和他们一起玩，都被拒绝了。为此，童童非常难过，整天发呆。

对于很多儿童来说，几乎都遇到过被人疏远的情况。原先的好伙伴突然和别人一起玩耍，不理自己了；被人拒之门外，无法融入特定的圈子；等等。这些情况几乎会发生在每个小朋友身上。世界不再以他们为中心，他们也不是父母眼中的小皇帝了，这的确是一件令人难过的事情。

孩子在成长过程中会遭遇各种挫折，是必经的心路历程。学习成绩不及格，受到老师的批评；生理方面的缺陷，遭到同学的嘲笑；朋友抛弃自己，人缘不好；努力学习，还是没有考取理想的成绩。这些挫折时常出现在他们身边，并伴随着一定的心理反应。他们会经常感到压抑、恐惧、灰心丧气；经常失败，开始怀疑自己的能力，丧失了学习的信心。这些受挫的心理反应，如果老师或者父母不认真对待，很有可能对孩子产生深远的消极影响。

那么，孩子在遇到这些方面的问题时，作为成年人应该如何引导，帮他们走出这一受挫心理呢?

从学校方面来说，老师应该及时地发现儿童间存在的问题，并且予以正确教育。老师说的话在儿童心目中占据着非常重要的地位，为此老师应该结合小故事告诉同学们做人的道理；让孩子们明白，每个人都是大家庭的一员，不应该戴着有色眼镜看任何一个人。这样，孩子自己就会反省，并且为自己的行为道歉。

从家庭方面来说，父母应该及时发现问题，对孩子进行说服教育。孩子在成长中会遇到各种各样的问题，突然从世界的中心，变成遭受评判，他们心理落差是非常大的。家长应该时时留意，鼓励孩子诉说内心的烦恼，双方保持一种互信的朋友关系，耐心帮孩子答疑解惑。

同时，父母也应该引导孩子用正确、包容的眼光看待自己的遭遇，妥善处理好与外界的关系。看待问题，应该从多个方面着手，而不应该陷入一个死胡同。朋友离开了，可以去和别的伙伴玩耍，寻找真正的朋友，从而发现更多未知的可能。人生就在于多尝试，而不应该一直不变。这些道理，父母应该以恰当的方式转述给孩子，打开他们的心扉，拥抱这个色彩斑斓的世界。

从某种意义上来说，挫折感对孩子来说是一件好事情。因为只有这些褒贬不一的评价才能让他们意识到自己不是世界的中心，同时也不应该以自我为中心做事，而应该从多个方面考虑问题。父母的职责是帮助孩子从挫折情绪中解脱出来，以积极的态度迎接新的一天，不断提升自己的社交能力、思考能力。

4. 学会处理与他人的情感状态

小明正在堆积木的时候，突然被身边的小强推了一下。好不容易堆

积起来的积木，就这样被撞倒了，小明非常生气，二话不说就把小强推倒了。小强马上哭起来，老师看到后问清楚原因，将小明叫到了一边。

老师看着小明委屈的样子，问道：“如果你很生气，你想用什么颜色来表现呢？”小明赌气地说：“我不知道，我什么也不想画，就想让小强把我的积木重新搭起来。”

听到这里，老师耐心地说：“认真想一下，你想画一个轻飘飘的气球，还是画一个大石头呢？”小明不假思索地回答：“想画一个重重的大石头。”

“你要给它染上什么颜色呢？”老师问道。“我想给它涂上黑色，来表示我的气愤。”小明气愤地说。“那就用力把这块大石头画出来吧，让我看看到底是一块什么样的大石头。”老师把颜料递给了小明。

这个老师非常聪明，她用绘画的方法巧妙地解决了小明和小强的问题，并且鼓励小明用绘画的方法发泄掉内心的愤怒。可想而知，随着小明将所有的愤怒都转移到这块大石头上，等到它把石头画完，心情也慢慢地平复下来。

老师帮助学生将内心的感受通过绘画、色彩转变成为符号、形象，是缓解不良情绪的有效方法，有助于孩子更好地处理自己的情绪。

情绪分析

孩子在学校与很多同龄小朋友接触，其间肯定少不了摩擦；而在这些摩擦中，孩子会逐渐掌握如何与小朋友相处的技巧。老师根据对儿童情绪的认识和经验积累，也会适当地帮助小朋友化解冲突，促进儿童情绪健康发展。称职的老师通常会用冷静和理性的解释引导孩子的情感，同时在情感方面对儿童正确引导，进一步提高孩子的反应能力。

那么，应该如何帮助孩子管好自己的情绪呢？

第一，引导孩子暂停不良情绪。冲动是魔鬼，当孩子处在非理性的情绪操控下，往往会做出一些匪夷所思的事情。为此，当孩子情绪激烈的时候，家长或者老师应该引导孩子暂停这种情绪，让他们从潜意识的“冲动反应”过渡到意识主导的“理性回应”状态。此时，父母可以教导孩子，让他们暂停30秒然后再作出决定。例如，对那些生气时喜欢打人的小孩，应该教会孩子做心理暗示，只要把手抬起来，心里有个声音告诉他“停”即可。

第二，帮助孩子识别自己的情绪。当孩子心情平复以后，父母要引导孩子回忆自己发脾气时的感受。这时候，父母最好做孩子的倾听者，不要压制孩子的情绪，要尊重孩子的感受，避免立刻否定孩子的感受。当孩子诉说完自己的情绪时，父母最好诉说一下孩子的情绪引发的感受，告诉他们当时的想法。这样做，不仅有助于孩子识别自己的情绪，也有助于孩子了解个人情绪变化对他人的影响。

那么，如何教育孩子识别自己的感受呢？

一方面，可以帮助孩子积累表达感受的词语。在日常生活中，父母可以结合实际情景，帮助孩子表达自己内心的感受。例如，养了多年的宠物去世了，父母可以说：你应该很伤心吧；孩子作业一直做不出来，可以说：作业很困难吧，你是不是很苦恼；当孩子被别人误解，你可以说：你应该很委屈吧。这些词语可以帮助孩子认识自己的感受，做到感同身受。

另一方面，给孩子讲解人的面部表情、肢体动作等表达出来的感受。在公众场所，可以让孩子多留意他人的表情，并且告诉孩子这种表情说明了什么。例如，一个人不停地看表，一般情况下都是在等待别人或者赶时间，内心非常焦灼；腿和手不停地发抖，一般情况下表明紧张、害怕等情绪。有了这些基本的知识，孩子就会看着别人的表情而适时地调节自己的情绪，以免火上浇油。

很多人都推崇高情商，想做一个高情商的人。其实，它并不神秘，关键在于如何管理好自己的情绪。当然，做到这一点不是一朝一夕的事情，而是日积月累的经验积累。为此，父母要从小教育孩子管理自己的情绪，促进自身的发展，促进同龄人之间的交际。

5. 学会分享情绪，才能亲近孩子

卡尔有一个富有的爸爸，能享受到最好的物质生活，似乎一切要求都能得到满足。不过，爸爸给卡尔安排了各种各样的课程，从不征询孩子的意见和感受，显得有些霸道。

这一天，卡尔上完补习班回到家里，一言不发地回到自己的房间。妈妈喊他出来吃饭，竟然得不到回应。一连好几天，卡尔都是这个样子，爸爸和妈妈不知道为什么他会变得沉默寡言，不禁担忧起来。

过了几天，爸爸接到补习班老师的电话，说孩子已经好久没来上课了。到了晚上，卡尔按时回到家，爸爸走过来严厉地责问为什么不去上补习班。卡尔毫不在乎，只是说自己厌恶学习。随后，爸爸对卡尔大加斥责。

没想到，到了第二天傍晚，卡尔始终没有回家。后来，爸爸到卡尔的房间查看有什么异常，在抽屉里找到了一封信。大致内容是，卡尔从来得不到爸爸的问候，只给物质上的满足，内心感觉很压抑，学习压力无人倾诉。

至此，爸爸幡然悔悟，对自己过去的做法非常懊恼。后来，在老师和同学的帮助下，卡尔被找到了。在以后的日子里，爸爸和妈妈非常注重与卡尔进行情感交流，再忙也会抽出时间说说心里话。爸爸学会了站在孩子的立场考虑问题，学会了分享孩子的情绪，一家人变得和睦融洽。

孩子遇到麻烦或不开心的事，都会有自己的小情绪。这时候，他们尤其需要家人的理解和陪伴，能够分享内心的感受，进而得到帮助。比如，在学校得到表扬，孩子希望家长分享这种快乐；受到委屈的时候，他们渴望得到安慰。

善于分享孩子的情绪体验，家长才能亲近他们，成为他们心目中值得信赖的人。然而，习惯以命令式的口吻教育孩子，甚至千方百计地控制孩子，正在成为许多家长的教子之道，这不能不说是一种遗憾。

显然，家长习惯用自己的经验、阅历替代对孩子情绪的了解、分析和判断，结果他们总是得出错误的结论，与孩子的矛盾也与日俱增。忽略孩子的内心感受，这是亲子之间产生抵触情绪、关系疏远的重要原因。时间长了，必将严重影响孩子的心理健康。

心智尚未成熟之前，孩子缺乏情绪掌控能力，此时尤其需要家长经常与孩子交流，了解他们的感受以及遇到的麻烦和困难。学会与孩子分享情绪，帮助他们走出困境，不仅是孩子健康成长的需要，也是密切亲子关系的重要方式。

对家长来说，不必恐惧孩子陷入不良情绪中，那不是什么严重的问题；重要的是，你时刻掌握孩子的情绪变化与心理需求，能够及时帮助他

们摆脱不良情绪的困扰。当孩子需要帮助的时候，如果家长没有及时给予援手，不仅会让他们感觉你不称职，也会损害孩子的心智。

首先，多站在孩子的立场考虑问题，无论遇到任何问题都加强沟通。其实，沟通就是分享的过程，你与孩子保持平等的身份，自然容易赢得他的信任。家长端着架子训诫孩子，最容易让他们产生抵触情绪。如果无法亲近，你又怎么能够相信孩子会说出真心话呢？

其次，在沟通与观察的基础上，说出孩子内心的感受与需求，更容易令其感同身受，得到理解和温暖。家长与孩子平等交流，准确说出孩子的心理诉求，会让他们对你产生信任感、依赖感。有了这个基础，他们自然会主动与你分享内心的情绪体验。

总之，家长要牢记一点，不要与孩子的情绪为敌。他们的情绪来得快，也去得快，学会理解和包容孩子的情绪，才能在分享中找到应对之策，帮助孩子解决成长道路上的难题。

孩子悲伤时，家长的陪伴让他们感觉更温暖；孩子快乐时，家长的理解让他们快乐加倍。学会分享孩子的情绪，才能更好地亲近孩子，和他们成为无话不说的好朋友。

第5章　11~14岁：做好心理准备进入青春期

孩子到了11～14岁，就正式步入青春期。作为人生的重要阶段，孩子此时的情绪还不稳定，往往表现出身心叛逆、行为乖张、心思敏感等特点。对此，父母要了解和掌握孩子心理的发展动态，帮助他们度过人生成长的重要时刻。

1．“长大成人”的意识觉醒

倩倩今年12岁了，比妹妹菲菲大3岁。两个小姐妹相处得非常好，不过最近一段时间，倩倩开始有自己的主见了，喜欢约束妹妹，似乎成了一个小大人。

一天，爸爸妈妈出门了。为了让俩小姐妹有事可做，不至于胡闹，妈妈教给她们怎样叠衣服，并且拿出打散的衣服，要求叠起来整齐地摆放在衣柜中。两个小姐妹非常高兴，感觉自己长大了，都是妈妈的小助手了。

起初，两人叠衣服非常认真，倩倩耐心地教妹妹如何操作。但是，妹

妹仅仅叠了一件，就被旁边的玩具吸引，直接把衣服放在一边。倩倩看到这一幕，赶紧走上前制止，说道：“妈妈让咱们把衣服叠起来，不准贪玩。”

妹妹只好听从倩倩的话，不情愿地放下玩具再次叠起衣服来。但是还没有一分钟，她又放下手中的衣服，眼巴巴地望着玩具发呆。倩倩再次警告，不可以贪玩，但是妹妹还是忍不住，又去拿玩具了。

一来二去，倩倩非常生气。她威胁妹妹，如果再拿玩具，就会把妹妹锁在房间里。妹妹虽然短时间表示同意，但是仍然管不住自己。倩倩一边监督妹妹，一边叠衣服。最后，她们总算把衣服叠完了，并按照妈妈的要求放在衣柜里。

在这个小故事中，妹妹由于年龄小，完全没有任务意识，她不会控制自己的行为，因此没有完成任务。而倩倩由于年纪大一些，意识到任务在身，因此给自己的定位就是监督妹妹将妈妈留给的任务完成。在整个过程中，她会有意识地约束自己的行为，不和妹妹一起玩耍，显示了较好的自我控制力。

孩子到了12岁左右，开始反省自己，为自己设定更高的标准。“我要成为一个优秀的人”代替了“爸爸要求我必须做个优秀的人”，“我要完成任务”代替了“妈妈让我完成任务”。他们会按照内在标准调整自己的行为，而不仅仅是把各种反应串联在一起，以此来适应环境。

这时候，父母应该怎样对待这些自认为“长大成人”的孩子呢？

第一，父母应该放下架子，与孩子进行心灵上的沟通。

有些父母虽然知道应该给青春期的孩子更多关怀，但是没有任何心理准备，或者不知道如何面对孩子的青春期。为此，他们面对孩子的焦躁不

安，表现出来的仅仅是“孩子变得不乖了”“孩子太叛逆了”这些想法，却不能为孩子排忧解难。

为此，父母在孩子进入青春期之前就应该做好干预理念和改变教育方式的思想。看到孩子叛逆的地方，应该指出来。给予孩子更多的关怀，而这种关怀不仅仅表现在一如既往地付出，而是有选择地关心，用一种恰当的方式表达自己对孩子的爱。

第二，改变原有的教育方式，找到新的沟通方法。

对孩子来说，青春期应该是非常美妙和璀璨的年华。这时候，孩子可以欣喜地体验到自我意识、性意识的觉醒。他们一方面非常地惊喜，另一方面则有些恐惧。为此，父母应该改变之前的教育方式，将他们当作成人来对待。对孩子的任何过错，不应该总是以居高临下的姿态来指责，而应该平等、民主地和孩子商量，尊重他们的意愿和感受，赢得他们的信任。

第三，给孩子独立的成长空间，在自由中释放他们的潜能。

任何人都需要独立的空间，尤其是对有了小秘密的青春期孩子。对一些无伤大雅的事情，父母要尽量放手，让孩子独立去做，不要横加干涉。比如，不要偷看孩子的日记、信件，这些私密的东西永远不要动。此外，父母也不要把自己的孩子和别人家的孩子比来比去，这会让他们产生一种厌烦心理。

青春期是孩子长大成人过程中非常重要的阶段，它来无影去无踪，但深刻影响着孩子的身心。除了在生理上出现变化，孩子在心理上也会产生明显的改变，并在情感、心智上奠定未来发展的基础。为此，父母应该多理解孩子，给予他们更多的关爱，及时改变自己的教育方式，避免给孩子情感、心理带来巨大压力。

2. 孩子为何开始变得敏感起来

佳明是一名儿童心理咨询师，最近有很多妈妈前来咨询一些关于孩子太过敏感的事情。虽然每个父母都有各自应对的办法，但是她们显然并没有抓住重点，对一些具体情况没有做到具体分析。

其中，有一位妈妈就反映了女儿倩倩的问题。倩倩今年上小学5年级了，但对很多事情都表现得过于敏感。有时候，一些微不足道的小事，在倩倩这里却格外重视，反应很大。

小时候倩倩很喜欢和爸爸一起下跳棋，她玩得很好，很多时候都会赢。但是，现在倩倩却不愿和爸爸一起玩。细细盘问才知道，女儿害怕输，所以不愿意和爸爸玩。写作业的时候，倩倩力求完美，每个字都写得非常慢，稍不留意出了一个小错误，本来划掉就可以，可是她必须擦干净才肯继续写。为此，每次写作业都要耗费两个多小时。

这种不良情绪状态从来没有在倩倩身上发生过，之前女儿无论做什么都不论输赢，只要高兴就大胆尝试，不管结果如何。可是，随着年龄增长，遇事敏感、胆怯逐渐放大到很多小事上，导致她做什么事都畏头畏尾，瞻前顾后。

倩倩做事缺乏自信，似乎有些自卑，实则不然。这种做事谨慎的表现是孩子进入青春期的自然现象。摆脱了早期的幼稚，孩子开始在乎其他人的看法，形成看问题的独特方式，并对自己有了全新的定位。

“我长大要当医生”“我长大要当飞行员”等，这种对未来的期许出现在孩子脑海中。为此，他们很在意自己的能力，同时也在乎别人的看法，不肯轻易地认输，在别人的面前全力展示自己最好的一面。

为此，这时候父母对孩子的教育方式一定要改变，不能随意地指责孩子的行为。应该注重场合、时间、问题。场合的选择一定要避免公共空间，因为孩子的自尊心非常强，如果公然指责他们的过错，言辞稍有不慎，就会激发起他们的叛逆与仇视心理。针对孩子的私密问题，最好选择同性的父母来找孩子谈心，帮助他们认识自己的生理现象，采取正确的做法。

孩子进入青春期以后，不仅对未来有自己的期许，而且对于化妆、异性等也越来越害羞，这表明他们对青春期即将出现的身体、性别发育既充满期待，同时也害怕。当性别意识真正成熟之后，孩子对榜样的兴趣也与日俱增，同时对同性父母的关系也更加亲密。

对于以往眼中的榜样，孩子也有了新的评价，榜样似乎变得不完美了，孩子并不全盘接受榜样的行为，而是批评地接受。这时候，作为同性的母亲或者父亲可以借此拉近与孩子的距离，共同探讨他们面对的问题，帮助他们解决人生烦恼。这时候，切不可以忽视孩子的行为，一定要认真关注孩子的异常反应，尽量避免敏感话题，给孩子一定的私人空间。

此外，孩子受强烈情感的驱使，想要离开亲密的家人，盼望着赶快长大成人，他们受这两种情感所左右，摇摆不定。对孩子来说，叛逆是一种正常的反应，他们经常感觉有些事情非常可笑，并且认为如果自己做会做得更好。“谁需要你”“我比你更清楚好吧”“我不想和别人交流”等想法时时出现在孩子的脑海里，支配着他们的行为。

伴随着独立性增强，孩子极度需要自我意识作为支撑，否则很有可能倒回到之前，对父母更加依赖，反之则会更加叛逆，彰显出自己的与众不同。为此，父母应该及时了解孩子的想法，可以将自己的青春期经历讲述给孩子听，让他们作为参考。同时，也可以帮助他们分析，如果这样做了之后会产生什么样的后果，这种后果是否符合自己的初衷。

写给父母的话

每个青春期的孩子都有或多或少的反叛意识，他们想要彰显自己的价值，以及自身的与众不同。由于身体和思想上的逐渐成熟，孩子对很多事情都充满了好奇心，极力想要去寻求答案。这时候，父母一定要格外关注孩子的反常行为，及时答疑解惑。

父母是孩子最好的老师，在孩子青春期的时候，扮演好“老师”的角色就显得更加重要。找到合适的方式，多与孩子沟通，才能了解他们的想法，从而帮助他们减少成长的烦恼。

3. 威严是制止孩子越轨行为的关键

芳芳是5年级的学生了，平常和父母相处得非常融洽。但是有一天，父母因芳芳的成绩而训斥了她，令她感到非常委屈。

事情是这样的，芳芳的期末考试成绩在全班排名并不是很理想，尤其是英语更差。回到家里，父母看到芳芳的成绩，感到非常气愤。想到平常的英语补习、英语夏令营的努力都付之东流，爸爸妈妈顿时火冒三丈。

看到父母又发脾气了，芳芳并没有感到害怕。父母对她发脾气早已经成为了家常便饭，她知道只要撒娇就没事了。于是，芳芳依偎到了妈妈的怀里，满不在乎地说：“我知道啦，下次及格就是了嘛！”

身旁的爸爸一看到女儿这种神情，压抑的愤怒立刻喷发出来：“你说的倒是轻巧，又给你报英语补习班，又参加英语夏令营，成绩还这么差劲。”芳芳看到爸爸黑着脸，虽然有点害怕，但是仍然说：“知道了，我

要出去玩了！”

“玩，玩，就知道玩！以后学习不好，别出去玩了。”妈妈也附和着说。芳芳看到这种情形，立马“哇”的一声大哭出来。结果，妈妈立刻慌了手脚，马上制止爸爸呵斥，同时跑到芳芳面前好言相劝。这时，爸爸也走过来，温柔地说着安慰的话。芳芳看到这种情形，立马破涕为笑，高兴地拉着父母出门了。

孩子考试失利，父母应该借此机会帮助孩子找到问题所在，找到解决办法。但是，芳芳的父母却因为孩子一哭二闹的伎俩作出妥协，由此丧失了一次帮助孩子成长的好机会。教育孩子，固然不能太过威严古板，但是却也不意味着柔顺不带节制。如果无节制地一味妥协，那么孩子将会放松心态，意识不到事情的严重性，总以为撒娇、哭泣就可以应对此事，最终会失去进步的机会。

显然，父母不应该放弃威严的教育方式。据调查，孩子在父母的威严下，一般会集中注意力、意识到事情的严重性，认真地对待自己的不足，并且会长久地铭记在心。教育孩子，父母必须区分场合，采用不同的教育方法，该和善的时候笑脸相迎，该威严的时候也应该严肃以待。只有这样，才能教育出孩子正确的是非观念。

第一，父母应该拿捏好亲昵的度。

每个家长都希望与孩子建立一种和谐、融洽的关系。但是，这种和谐并不意味着父母毫无原则地讨好孩子，甚至放弃威严。如果亲昵毫无原则，那么父母在孩子眼中完全没有了威严。父母被孩子的伎俩操控，就很难管住孩子，对他们有百害而无一利。为此，在与孩子相处的时候，该放松的时候就放松，不该过分亲昵的时候必须保持威严。

第二，父母应该掌控与孩子交谈的方式。

在与孩子交流过程中，很多父母发现他们往往心不在焉，这就失去了沟通的价值。父母苦口婆心地讲着大道理，可是孩子往往左耳进右耳出，根本没有听进去。为此，父母一定要注意孩子的反应，选择恰当的交谈方式。父母教育孩子，一定要针对不同场合、问题、时间，保持相应的威严。尤其是孩子在做一些危险的事情，例如爬栏杆、不遵守交通规则时，一定要采用威严的态度，提出严厉的警告。

《颜氏家训》指出：父母首先要保持威严，然后表现出慈爱，孩子才能保持孝顺的礼节。这种见解是很有道理的。父母关爱孩子是人之常情，然而切不可只为亲昵而忽略了威严。在孩子心中，父母太过亲昵就意味着事情不严重，从而失去了威严的警示作用。显然，父母打着爱的名义却做着有损孩子未来的行为，这种爱是不明智的。

4．孩子出现厌学情绪怎么办

飞飞是6年级的学生，最近总感觉学习非常累，成绩也一落千丈。有几次，他和同学说不想念书了，感觉学习特别没意思。

低年级时，飞飞学习成绩一直很好，那时候他感觉每个科目都非常好玩，而且充满浓厚的兴趣。他往往不用爸妈提醒，就能主动完成作业。可是到了高年级，飞飞的学习兴趣下降，成绩也变得非常差。许多次，他一看到课本就头疼，更不用说主动学习了。

父母看到儿子成绩下滑，特地请了几个家教老师。每次放学回家，总有老师等着给飞飞上课。好不容易熬到周末，又要在爸爸妈妈的陪同下上培训班。作业多，时间不够用，休息不好，上课注意力不集中，飞飞显得疲惫不堪。

虽然父母每次都给飞飞定一个小目标，并且对应着各种奖励。无奈飞飞即使再努力，学习也没有任何进展，为此他非常苦恼。

自己虽然努力，仍然达不到目标，显然飞飞出现了厌学情绪。对学习的科目不感兴趣，将学习当作一项沉重的负担，不知道如何应对，这是青春期学习中的常见现象。飞飞为什么会出现厌学情绪呢？

首先，这与父母对孩子的期待过高有着紧密的联系。如果父母提出的目标不符合孩子的要求，即使再努力也无济于事，此时孩子很有可能放弃努力，从而严重地挫伤自信心。

其次，父母不当的物质奖励让孩子迷失了方向。父母如果频繁地以物质奖励来刺激孩子学习，那么他们就会失去学习的内在动力，并对为什么学习陷入困惑。

最后，孩子的自卑心理在作怪。在班级里，孩子会在无形中和同伴作对比，如果一直处在劣势的位置，他可能会怀疑自己的能力。如果老师和家长期望过高，孩子一直不能实现，势必摧毁其学习的信心，产生内疚和自责心理。长此以往，这样的负面情绪会直接干扰到孩子的学习兴趣。

那么，孩子出现厌学情绪时，家长应该怎么办呢？

第一，培养孩子的兴趣与特长相结合。

也许有的家长会认为，特长会影响学生的学习时间，实则不然。有特长的学生反而学习也很好，他们的特长和兴趣得到鼓励，有助于其有意识地提高学习成绩。据调查，那些没有任何特长，且对任何事情都不感兴趣的学生，反而会迷上游戏，由此丧失对学习的兴趣。

第二，制定与孩子能力相适应的学习目标。

制定符合孩子能力的小目标，有助于孩子努力达到期望的目标。然而，那些超越孩子能力的目标，反而会给他们带来压力。为此，家长在制定学习目标的时候，应该分析孩子的成绩，结合老师的评语调整预期。这个目标的制定，必须让孩子稍微努力就可以达到，这样既可以帮他们获得成就感，也可以提高自信心。

第三，家长应该适当地改变自己的教育观念。

以成绩为评判标准的时代已经过去了，同样父母也不要在任何时候都以孩子的成绩来判断孩子能力的高低。成绩的高低并不代表孩子的真正能力，家长应该多与孩子沟通，建立和谐的亲子关系。这样一来，即使孩子出现厌学情绪，父母也会及时地发现，然后做好沟通工作，避免让孩子产生厌学情绪，甚至彻底放弃学习。

父母如果想要引导孩子提高成绩，必须将孩子的观念从“要我学”转变为“我要学”。只有这样，孩子才会彻底地、毫无保留地提高自己的学习能力。在这个过程中，要让他们意识到学习不再是为了家长，而是为了满足自己的求知欲。

5. 全力救赎孩子的任性情绪

露西生活在一个富裕的家庭，因为是独生女，爸爸妈妈对她非常宠

爱。平时，只要是露西需要的，用钱能解决的，他们都会尽量满足。时间长了，露西身上流露出娇惯的不良习惯。

周一早晨，爸爸急着上班，可是露西一直都在玩橡皮泥，还一直询问自己捏的小兔子像不像。最后，爸爸失去了耐心，训斥了露西，她才闷闷不乐地去上学。

到了学校，老师看到露西不开心，经过一番询问才知道是怎么回事。于是，老师连忙开导露西："宝贝，早晨爸爸着急上班，如果迟到了，要接受惩罚。等爸爸下班了，再陪你捏橡皮泥吧！"露西似懂非懂地点点头。

下午放学后，爸爸来接露西。老师把今天的情况如实说了一遍，提醒爸爸注意孩子任性的情绪，沟通中一定要学会积极引导，不可过分纵容孩子。

在以后的日子里，爸爸开始注意培养孩子独立生活的能力，对露西的要求不再有求必应，让她明白有些事情不会轻易实现，总会有一些遗憾。渐渐地，露西变得通情达理了，也开始理解爸爸妈妈，能够静下来好好沟通。在爸爸妈妈眼里，露西成了一个懂事的孩子。

任性是每个孩子或多或少都存在的通病，我们可以称之为孩子的天性。然而，过分任性并不是好事，家长有责任帮助孩子调节这种不良情绪。

从心理学角度分析，孩子过分任性是一种低情商的表现，主要体现了其自制力薄弱、个性偏执等特点。此外，对自我失去控制，完全由着自己的性子来，孩子也会给人留下缺乏教养的印象。

研究显示，家庭教育是孩子产生任性情绪的主要原因。一方面，家长及其他长辈对孩子过分溺爱，容易导致孩子我行我素，只考虑个人感受；

另一方面，家庭教育简单粗暴，也容易导致孩子滋生叛逆心理，言行上缺乏责任感。

孩子的心智尚未成熟，对许多事情缺乏是非判断能力和理解能力，如果家长不进行有效引导，孩子极易变得任性妄为。完全按照自己的喜好做事，不考虑他人的感受，这对孩子的成长没有任何益处。一个任性、自私的人能有什么作为呢？

让孩子明事理，是家庭教育的重要内容。家长必须全力引导孩子理解这个世界，哪些事能做，哪些事不能做，形成正确的逻辑思维能力与判断能力。当然，在调试孩子的任性情绪时，家长要注意方法，根据时间、地点、情境的不同采用不同的策略。

一旦孩子任性而为，家长要分析背后的根源是什么。许多时候，孩子任性不一定是由内而外，可能纠结于某件事或某个物品。只有认清原因，并从中疏导，才能及时帮助孩子摆脱任性情绪，回归正常的生活。

每个孩子都是一个美丽的天使，他们的内心是纯洁而又美好的。在保持孩子童真的基础上，耐心引导他们遵守规则，成为一个有教养的人，是所有家长的重要职责。引导孩子排解任性情绪，能有效避免他们日后成为叛逆的人，这种用心良苦是一种大爱。

当然，孩子任性也有其积极的一面。适当的任性代表着孩子的某种个性，有助于培养孩子的主动性和创造性。这需要家长在当情绪教练的时候把握好度。

写给父母的话

任性不是孩子人格的表现，往往事出有因，家长不要如临大敌。只要耐心引导，发现孩子有哪些迈不过去的坎，就能帮助他们摆脱眼前的困境，重回快乐幸福的时光。

儿童情绪调节：引导孩子提升情绪控制力

孩子在成长过程中，并非总是与天真、快乐为伍，还会遭遇挫折、焦虑、妒忌、恐惧等复杂的情绪体验，充满了成长的烦恼。帮助孩子应对不良情绪的挑战，帮助他们学会情绪调节，才能收获幸福的童年。

安东尼·罗宾说过："你有什么样的感觉，你就有什么样的生活。"如果孩子的童年长久伴随着悲观、恐惧、愤怒、后悔等不良情绪，那么他们的世界就是阴雨天，见不到阳光，这样的孩子长大后会成为消极悲观的人，无法生活得幸福快乐。因此，帮助孩子打败烦恼，保持乐观积极的情绪，是家长义不容辞的责任。

第6章　挫折情绪：教孩子正确面对输赢和成败

孩子遭遇挫折，变得情绪低落，是正常的反应。父母要引导孩子积极面对眼前的困境和挫折，学会正确看待输赢和成败，成为一个永远不气馁的人。

1. 用赞美的翅膀载着孩子飞翔

娟娟是一个内向的小姑娘，胆子很小，班里的事情她都不会主动参加，担心自己会犯错。

这种状态一直持续了很久，直到娟娟上四年级的时候，班里来了新的班主任。她是一位和蔼的语文老师。开学的第一天，她就让同学们写了一篇作文，内容不限。写作文一直是娟娟最害怕的事情，因为有一次她写得不好，被同学们嘲笑了好长时间。从那以后，娟娟就再也不喜欢写作文了。不过为了完成老师布置的作业，娟娟只好硬着头皮，写了一篇《我的一天》。

娟娟本以为这次老师还会和以往一样，给她写“主题不清，描写不生动”等评语。但是娟娟打开作文本后，看到的评语却是：“写得真好，看

得出你的一天过得很愉快。”这几个字深深地刻在娟娟的脑海里。这是她长这么大，第一次受到表扬，也正是因为这次表扬改变了她。

从那以后，娟娟喜欢上了写作。每次，她都会满怀期待地写老师布置的作文，而老师的批语也总是充满了鼓励。虽然娟娟的作文难免会有这样或者那样的毛病，但是老师总会把建议藏在她的表扬中。如果娟娟的作文重点不突出，老师的批语就会写：“写得真好，每件事都写得很全，使老师对每件事都很好奇，你可以把其中你认为最有趣的一两件事，写得更详细些吗？”

经过老师的鼓励，娟娟爱上了写作文，而且越写越好。因为作文写得好，娟娟逐渐找到了自信，再也不是以前那个胆怯的小女孩了。

娟娟的这种情况，在很多孩子的身上都存在。孩子在成长阶段，对身边的一切事物都不熟悉，他们做的所有事情都需要父母给予反馈。这时候，父母的赞美就显得十分重要了。通过适当的赞美激励孩子，培养他们的自信心，是家庭教育的重要使命。

（1）时刻给孩子希望。

有的父母过于在乎成绩，在孩子遭受失败后，表现得比孩子还要沮丧。这不仅无法帮助孩子找到原因，还会给他们带来巨大压力。孩子年纪小的时候，心理承受力差，这种做法只会给孩子本就脆弱的心灵雪上加霜——让孩子失去自信，毁掉孩子的希望。最好的做法就是像娟娟的老师一样，把批评隐藏在赞美的后面，让孩子温和地接受教育。

（2）找到合适的赞美机会。

有的父母只会一味地赞美孩子，但是并不能找到合适的赞美机会，在夸奖孩子的时候根本就没有原则。比如孩子偷了钱，父母不但不批评教

育，反而表扬孩子为家里增加了收入。这种赞美失去了原则，只会让孩子的自信变成自负，并不能帮助孩子健康成长。

（3）真心地赞美孩子。

小孩子是最敏感的，他们能够感受到父母的赞美究竟是出于真心，还是敷衍地应付。父母一定要善于发掘孩子的闪光点，真心赞美孩子。如果一味地虚假赞扬，孩子一定能够发现，这样不但不利于双方建立信任关系，同时也不利于孩子的成长。

（4）父母要积极和孩子沟通，要正确引导孩子。

孩子处理问题的能力不如大人，作为父母，一定要经常和孩子沟通。当孩子遇到困难时，父母要出面进行正确的引导，启发孩子找到解决问题的方法。当孩子说出解决的方法后，要及时赞扬。当孩子遇到困难时，绝对不要说“你真笨啊”，然后直接告诉孩子解决的方法，不给孩子自己思考、自己解决问题的机会。久而久之，孩子会真的以为自己很笨。

总之，赞美是父母帮助孩子成长的一个重要法宝，它可以帮助孩子变得强大。有时甚至不需要说出赞美的话语，只需要给孩子一个肯定的目光，一个胜利的拥抱，就可以让孩子变得更有自信。

写给父母的话

许多父母在对待孩子的问题上，存在心理错位的问题。他们不去主动发现孩子身上的优点，而是用挑剔的眼光去找孩子身上的毛病。最可怕的是，有的父母会用别人家孩子的长处去比较自家孩子的短处，结果严重伤害孩子的自尊心与自信心。

面对考试失利，父母既要做好必要的情绪安抚，也要引导孩子积极乐观面对现实，寻求改进学习的方法，并提出有建设性的意见。更重要的是，要通过积极的情绪引导，培养孩子从成败中学习的个性，这对他们一生的成长都是极其重要的。

2. 孩子遇事急躁是因为少了挫折心

兰兰从小乖巧懂事，父母一直很疼爱她。刚上小学时，老师和同学们都很喜欢她。但是，最近兰兰的情绪却发生了一些变化，她经常会因为一些小事变得急躁，莫名其妙地对身边的小朋友发火。

最初，父母和老师都没有在意，但是有一次她竟然动手打了小朋友。这时，老师意识到兰兰的情绪出现了一些问题，及时地与父母进行了沟通。

父母听说了实情后，也非常奇怪，为什么原本乖巧懂事的孩子，情绪会变得这么急躁呢？于是，父母与兰兰认真地沟通了一下。

妈妈问兰兰："能告诉妈妈，你为什么打小朋友吗？""我不想打她，只是她总是用我的橡皮，这次我不想给她用，她非要用，我很生气，就打了她。"兰兰觉得自己很委屈。

听到兰兰的解释后，父母非常奇怪，兰兰平时乖巧懂事，怎么会因为一块橡皮就对其他小朋友大打出手呢？这和平时温和大方的女儿根本就判若两人啊！

父母非常疑惑，找不到解决问题的办法，只好去咨询专家，一问才知道兰兰的这一变化根源在父母的身上。兰兰从小在父母的呵护下成长，可以说集父母的宠爱于一身。父母为兰兰考虑得面面俱到，把生活上的一切都为她打理好了。

父母精心的保护，让兰兰在成长中没有经历过一点的失败和挫折。生活中的顺利使兰兰缺乏同龄人应有的独立性，对父母产生了过度依赖的心

理。这种过度依赖的心理，导致兰兰只要遇到一些自己无法解决的问题，就容易陷入急躁的情绪中，变得焦躁不安。

兰兰这种情况，最主要的原因就是从小生活得太顺了，父母把一切都安排得太周到了。这就导致兰兰缺乏独立面对困难和挫折的能力，对父母产生了很强的依赖心理。

这种依赖心理会让兰兰在遇到困难时，缺乏安全感，容易陷入急躁的情绪中。小朋友向兰兰借橡皮时，她不想借，却不知道应该如何解决，导致情绪急躁，才会对其他小朋友动手。

现在的孩子基本上都是独生子女，父母宠爱的不得了，但是父母在宠爱孩子时一定要使用恰当的方式，培养孩子健康、乐观、愉悦的情绪习惯。

父母要有意识地培养孩子的能力，给孩子安排一些他力所能及的事情，鼓励孩子独立想办法解决自己的事情，减少孩子对父母的依赖。这样当孩子遇到事情时，他们会自己冷静下来，去思考解决问题的方法。

尽量给孩子安排一个安静祥和的环境，孩子从小在祥和的环境中成长，就能够保持一份安静的心态。父母应该从自身做起，以身作则，控制好自己的情绪，教导孩子遇事不慌，以平和的心态面对生活中的逆境。

很多孩子都会像兰兰这样，遇到一点事情，情绪马上急躁起来，甚至会做出一些过激的反应。造成这种情况的原因，主要有以下几个方面:

（1）父母的过度溺爱使孩子形成依赖，依赖心理就是情绪急躁的根源。

我国很多小孩子都是独生子女，家里人把所有的关爱都集中到了孩子身上，任何事情都要替孩子安排好，对孩子百依百顺，以致孩子缺乏独立性。而当孩子步入校园，离开了父母的呵护，遇到事情不会解决，进而就会出现各种各样的问题和方方面面的困难，急躁情绪因此形成。

（2）小孩子本身就缺乏应对困难和挫折的能力。

孩子本身刚刚离开父母的羽翼，涉世未深，很多事情都不理解，更不要说解决问题了。这样当困难来临时，孩子不能轻松应对，自然容易遭受挫折。如果父母没有及时地纠正和正确地引导孩子，就容易使孩子产生遇事就急躁不安的不良情绪。

（3）生活中太过顺利，缺少竞争，不懂得忍让。

父母从小把孩子照顾得非常周到，不让孩子感受到竞争，孩子有任何意愿，只需要开口向父母说明，就可以轻易地得到。这会让孩子从小畏惧竞争，遇到竞争时就会手足无措，只能用急躁的情绪来表达自己的不安。

从心理学上讲，当一个人容易产生急躁的情绪时，说明他遇事缺少定力。所以父母要让孩子集中注意力，培养孩子长时间地专注做某一件事的能力，从而达到锻炼孩子超强忍耐力的目的。人在急躁的时候，非常容易忙中出错，所以从小培养孩子冷静平和的心态，能够让他们受益终身！

3．培养孩子积极自信的心态

明明是一个非常懂事的孩子，很希望自己能够帮助爸爸妈妈分担一些

家务。一天，爸爸的几位朋友要来家做客。明明妈妈很早就开始准备，买菜，收拾家务。明明看到妈妈在客厅和厨房之间来回穿梭，非常忙碌，就很想帮忙，于是问道：“妈妈，您看我能帮您干点什么呀？”

妈妈当时正忙，觉得明明会碍事，就不假思索地回答：“你能干什么，什么也不会，赶快出去玩吧，别在这烦我就是帮忙了。”明明听完情绪非常低落，闷闷不乐地回到了自己的卧室。

中午的时候，爸爸的朋友们都来了。父母和客人们亲切地交谈着，家里的氛围非常热闹。明明也受到了感染，很想加入到大人们的交谈中。于是，他开始主动与叔叔阿姨们问好，并表演一些小节目。爸爸的朋友们都夸奖孩子懂事，有礼貌，很可爱。可是，爸爸却觉得明明影响了大人们的交谈，压低着声音说：“明明，不许胡闹了，赶快出去玩，净捣乱！”明明又失落地走了……

爸爸妈妈的打击让明明的情绪越来越低落，他不像以前那样活泼了，做什么事情都很被动的样子，一点积极性也没有了。

妈妈发现这种状况后，就主动要求明明做一些力所能及的小事。这天，妈妈看明明在屋子里玩玩具，就对明明说道：“明明，帮妈妈扫扫地好吗？”明明一边玩游戏，一边说道：“妈妈，我干不了。”

这下可激怒妈妈了，妈妈大声地批评明明说：“你这也不会，那也不会，难道要我们养你一辈子呀！”明明也不甘示弱地说道：“不是你们说我什么也不会的吗？”妈妈顿时哑口无言了……

自信心在孩子成长过程中发挥着不可或缺的作用，它能帮助孩子时刻都坚信自己的能力。自信心决定了孩子自身能力的释放程度，有自信的孩子，做事情更加果断，更容易成功。有自信的孩子，心理更加健康，能够

有效地屏蔽不良情绪。

但是很多父母忽略了培养孩子的自信心，甚至父母本身就缺乏自信，这就更加潜移默化地影响了孩子自信心的树立。

有些父母为了在孩子面前树立起自己的权威，会在不经意间用言语打击自己的孩子，批评孩子做得不好，甚至还会用别人家的孩子来和自己的孩子做比较，比如说：“这事你能干得了吗？你哪有人家聪明呀！”这些言行都会挫伤孩子的自信心。

还有一个影响孩子自信心的因素就是父母的教育方式。很多孩子都会经历考试失败的挫折，但是有些父母却不能正确引导孩子看待考试失败的挫折。在孩子考试失误后，只会说：“就知道你不行，没出息！”这样一来，连孩子自己都会怀疑自己的能力不行了。

父母要在生活中有意识地培养孩子的自信心，采用合适的方法，帮助孩子树立自信。

（1）在家多鼓励孩子。

当孩子想要主动尝试一些事情时，不管孩子做得好还是不好，父母都应该鼓励孩子，不可以打击孩子的自信心。可以多对孩子说一些鼓励的话，如：孩子，你做得很好！你很优秀！这些话能够给孩子动力，激发孩子的自信心。

（2）让孩子享受成功的喜悦。

孩子的自信心是从生活中一点一滴的成功中积累的。父母要给孩子一点空间，让他们自己动手去做一些事情，从中体验成功的感觉，感受自身的能力。父母万不可事事都亲力亲为，这样会让孩子过分依赖父母，并且极度不信任自己的能力。

（3）注意对孩子的评价。

父母是孩子最在意的人，往往父母对孩子的评价，会直接影响到孩子的自信心。父母要及时发现孩子的优势，并给予更好的引导和培养。可以

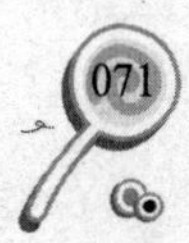

多鼓励孩子做一些自己感兴趣的事情，让孩子会在自己感兴趣的地方先建立起自信，再将自信转移到其他方面，从而在生活中树立起自信心。

懂得鼓励孩子走出挫折的阴影，这样的父母最称职。当孩子遭受挫折后，他们会告诉孩子，失败是成功之母，失败并不可怕，只要找到自己失败的根源，然后改正就能够进步。如此一来，既让孩子走出了失落的情绪，又鼓励了孩子，让孩子相信自己，为孩子的下一次成功奠定了基础！

4. 任何时候挫折教育都必不可少

丽丽的妈妈发现孩子最近的情绪比较低落，不像以前那样活泼开朗了，做什么事情都没有了以前的那种热情。

最初，妈妈没有将这件事情放在心上，直到有一天，妈妈让丽丽去邻居张叔叔家借点东西。可是，丽丽好像很害怕的样子，不愿意去。这时候妈妈意识到，孩子一定是被一些事情打击到了。

妈妈询问丽丽原因，但是丽丽却不愿意告诉妈妈。妈妈通过向老师同学打听，了解到：原来上次班级里面竞选班长，结果丽丽落选了。这件事对丽丽的打击很大，让她开始怀疑自己的能力，觉得自己什么都做不了，整天都垂头丧气的。

在知道丽丽是遭受了挫折之后，妈妈意识到了孩子的抗挫折能力太弱了，遇到一些轻微的挫折就不能够很好地站起来。于是，妈妈决定对丽丽进行一些挫败教育，增强孩子对抗挫折的能力。

妈妈给丽丽找来了很多名人遭遇挫折的故事。给她讲述爱迪生经过了一千多次的失败和无数次的伤痛之后，才找到了灯丝的合适材料，取得了成功，最终让光明照耀大地。让她知道莱特兄弟，经历了无数次失败，甚至威胁到自己的生命，才最终发明了飞机，让钢铁飞上了蓝天。

渐渐地，丽丽知道挫折是生活中必不可少的一个环节，所有成功的人士，都是不断地从失败中总结经验和教训，最后战胜失败，走向成功的。她明白了不经历风雨，永远也见不到彩虹的道理，变得更加坚强了。

丽丽的情况其实在很多孩子身上都有。究其原因，还是现在的生活条件太好了，父母把孩子各方面都照顾得很好，不让孩子吃一点苦，这导致孩子的抗挫折能力大幅下降。

大部分家庭都只有一个孩子。因此，大多数的父母都恨不得为孩子把所有的路都铺好，希望孩子在成长的过程中一帆风顺，更不要说去让孩子吃一点苦头了。殊不知，就是父母的这种全包式教育，使孩子丧失了抗击挫折的能力。

有些父母担心孩子缺乏自信心，就会采用千篇一律的话语鼓励孩子，比如“你太棒了，真不错”。虽然，这样有利于孩子自信心的培养，可是这样空洞的赞扬会让孩子的自信心极度膨胀，最后导致自负。一旦孩子遭受到挫折后，就会丧失建立起来的自信心，甚至会变得不堪一击，从此走向自卑。

在父母一味的赞扬下建立起来的自信心，往往都是脆弱的，很多时候更像是没有基础的空中楼阁，只要微风轻轻地一吹，就会非常容易倒塌。最终会导致孩子不能面对实际问题，任性，甚至让孩子走向自闭。

父母要想帮助孩子健康的成长，就要有意识地给孩子一些挫败教育，把对孩子的关爱和相关的挫折教育结合起来。在孩子小的时候，就让孩子吃一些苦，经受一些挫折，教育孩子以正确的态度去面对困难，让孩子建立起克服困难的信心和勇气。

现在的社会中，有些孩子直到上大学了，都还没有自理能力。这就是父母过度溺爱造成的结果。其实父母在确保孩子安全的前提下，应该让孩子自己独立迈出人生的第一步，不要总是抱在怀里或者帮他迈步，让他自己去尝试、去感受这个世界。如果他遇到了挫折，父母要帮助他站起来，让他自己走下去。

很多父母都无法及时发现孩子情绪上的变化，这是因为孩子对我们的父母并不信任，遇到事情不喜欢和父母沟通。所以父母应该在生活中有意识地培养和孩子的亲情关系，让孩子充分地信任我们。这样当孩子遇到事情时，就会下意识地找父母进行沟通，父母能够及时了解到孩子的想法。

写给父母的话

父母要帮助孩子建立起独立意识，让孩子独立完成自己的事情。很多时候孩子其实可以自己解决这些事情，但是父母却给了孩子过多的帮助，这样反而不利于孩子的成长，容易让孩子产生依赖的心理。所以如果孩子在独立做一些事情时，父母不要看到孩子遇到挫折就上前帮忙，多给他一些鼓励，让他自己发现问题、解决问题。这对他的帮助会更大。

5. 让孩子在游戏中提升抗压能力

小芳是父母眼中的好孩子，整天都在自己的书房中学习，希望能够在考试中取得一个好成绩。父母也常常为小芳的懂事感到高兴，觉得孩子从来都不会让他们在学习上面操心。

但是整天面对书本却使小芳变得非常内向，不爱和人交流，有什么事情都喜欢藏在心里，不会和父母或者朋友沟通。当小芳进入到一个陌生环境时，就会显得很拘谨。加之小芳天生就很内向、敏感、不善表达，所以很多同学都会觉得小芳不怎么合群。有时候看着同学们兴高采烈地打成一片，小芳也会觉得很孤独。

但是一次游戏的机会，却改变了小芳。这一天班长组织了一次游戏，要求全班的同学都一起参加。本来小芳不太想参加，但是同学们没管那么多，连拉带拽地把小芳“绑架来了”。游戏很简单，就是同学们围坐一圈，传递一个小皮球。一位同学负责吹哨，当哨声响起时，皮球在谁手里，谁就表演一个节目。小芳听完规则之后，非常紧张，她什么节目也不会表演，心想：这下该出丑了。

游戏一开始，同学们就进入了状态。小芳也被游戏吸引了，一会儿希望球赶快传到自己的手中，但是到了自己的手中，又像是拿到了一颗定时炸弹，迅速地把球推了出去。就这样，几轮游戏过后，小芳也不像最初那样紧张了，慢慢地放下了拘谨的情绪，融入同学中间。当别的同学被迫要表演节目时，小芳发现：即使那位同学表演得不好，大家也不会取笑她，甚至同学们还会和她一起表演，大家都很开心。这次游戏让小芳改变了很多，她就像是变了一个人，和同学们亲近了，性格也开朗了。

很多父母都觉得做游戏是没有意义的事情，只会浪费孩子学习的时间。在父母眼中，只有学习才是正事，所以大部分的父母都希望孩子整天坐在书桌前，对着书本度日。

但是有一些孩子，他们平时不怎么用功读书，经常看到他们和别的孩子一起做游戏，结果考试成绩却很好；而有些孩子平时非常用功，甚至晚上还在挑灯夜读，但是成绩就是上不来，甚至还会下降。

其实，游戏本身也是一种培养孩子的手段，欧美的很多国家都把游戏法作为日常教学的重要方法。喜欢玩游戏的孩子，他会经常保持快乐的状态，孩子们在游戏中都很开心，所以经常玩游戏的孩子，会更加乐观。

教学中的游戏并不是随意找来的，而是经过专家仔细设计，用来培养孩子们的思考能力的。任何游戏都有需要动脑的地方，而孩子是游戏的直接参与者，会经常动脑分析情况、总结规律等，这就锻炼了孩子的思考分析能力。

在孩子玩游戏的过程中，还会遇到很多的突发情况，这就要求孩子们主动去思考解决问题的方法。久而久之，孩子们的抗压能力就会增强，解决问题的能力也会提高，遇到事情就不会再慌张了。

父母应该从心里改正自己对游戏的偏见，摆正心态，培养孩子的游戏意识。小孩子正处在活泼好动的年纪，一味地要求孩子坐在书桌前，只会压抑孩子的天性，不如通过游戏引导孩子形成良好的情绪。在游戏中，孩子既可以学到知识，还可以找到自我，得到快乐。

当然了父母要保证孩子不会过度痴迷于游戏中，凡事都要有一个限度，孩子们缺乏自控力，所以要求父母们帮孩子掌握好度，适度地控制一下。切记，不可以让孩子觉得好玩，就从此对游戏上瘾，不愿意再看书学习了。

父母应该教会孩子自我控制，对任何事情都要把握好度，不要觉得好玩，就轻易地上瘾，其他事情都不愿意做了。父母要教会孩子合理地安排好自己的时间，有计划地分配学习、休息和玩耍的时间。

今天，社会上的游戏种类繁多、良莠不齐，父母要帮助孩子把好关，帮孩子判别究竟什么游戏是适合他玩的，防止孩子的身心受到侵害。必要的时候，父母也可以参与到游戏中，和孩子一起进行游戏，这样父母就能够及时掌控游戏中的一些问题，不让孩子遭受伤害。

6. 给孩子上好挫折教育这堂课

在爸爸妈妈眼里，张月童一直是个聪明懂事的孩子。上学以前，她已经能熟练背诵几十首唐诗了，还会跳舞、唱歌。上学后，她在班里的成绩一直排在前3名。

然而，小升初的时候，张月童遭遇了平生最大的一次失败。当时，她报考的第一志愿是县里的一所重点中学，然而毕业考试成绩并不理想，成绩总分比录取的分数线低25分。拿到成绩单的那一刻，张月童不知所措，她甚至不相信自己的眼睛，心里没有着落。当时，她明显感觉到其他同学投来异样的眼神，更不知道怎么面对爸爸妈妈。

张月童甚至不知道怎么走到家里的，一进门就耷拉着脑袋，默不作声。妈妈看到女儿的表情，就知道考试不理想。但是，妈妈不但没有批评她，反而不断打圆场："孩子，考试不理想别放在心上。谁都有考好考坏的时候，世界上没有常胜将军。孩子，你要挺起胸抬起头，以后还有展示自我的机会！"

听了妈妈暖心的话，张月童再也忍不住了，倒在妈妈怀里哭了起来。这次考试失利，让张月童重新认识了自己，原来一个人并不能在任何时候都取得成功，也会遇到失败的时候。那段日子，她的心情非常复杂：一方面感觉自己很无能，在同学和爸爸妈妈面前抬不起头来；另一方面，又感觉自己很幸运，因为爸爸妈妈始终站在她的身后，关心、体贴自己。

一位儿童与青少年问题研究专家强调说："孩子们并不知道，当一些比较糟糕的事情发生时，比如孩子输掉了一场重要比赛，或者最信任的朋友背叛了自己，这并不意味着世界的末日到了。如果孩子永远摆脱不了消沉的情绪，那么这一次小小的失败将摧毁孩子的一切。"

显然，孩子在成长过程中遇到各种挫折，是再正常不过的事情了。对他们来说，这些挫折往往是沉重的打击，并且这种体验是刻骨铭心的。特别是对如今的独生子女来说，他们从小受到父母的宠爱，从没经历过各种风雨，一旦面对挫折，往往一蹶不振。

对父母来说，帮助孩子正确应对挫折，是家庭教育的重要内容。然而，许多父母在生活中并不愿意让孩子经历苦难，而是千方百计地为孩子设计充满笑脸和鲜花的明天。结果，面对生活的无情时，孩子总是因为缺乏应对挫折的能力而自暴自弃，逃避退缩，永远不会有幸福。

第一，敢于让孩子经受磨炼。

苦难对于人生是一块垫脚石，对于能干的人是一笔财富，对于弱者

是万丈深渊。一位教育专家说："当问题出现时，父母们便急切地站了出来，亲自为孩子解决，连一个让孩子去发现自己也有力量，使不利境况得以改善的机会都不给。" 一个人受不了委屈，经不起挫折，害怕困难，是不可能面对未来竞争激烈的大千世界的。作为父母，要注意从小让孩子经受各种磨炼，避免对他们过分娇纵。

第二，引导孩子树立"我能行"的自信。

当孩子遭遇挫折的时候，用微笑迎接孩子："来吧!你肯定行!"这种激励和期待比什么都管用。孩子遭遇挫折和失败以后，父母要善于"漠视孩子的失败"，鼓励孩子继续努力，以后取得成功。当然，更重要的是，父母要帮助孩子掌握解决问题的能力。显然，父母怎样看待孩子，孩子就会怎样看待自己。因此，父母对孩子给予积极鼓励的时候，他们就能以这种积极的心态面对眼前的挫折和失败，具备迎接挑战的勇气。

第三，帮助孩子走出失败的阴影。

父母要善于鼓励孩子，引导孩子发现自己的优点和长处，从而充满自信地迎接失败的挑战。当孩子失败的时候，父母要帮助孩子把事情本身和孩子分开，不要对孩子讲："这次你把事情都弄糟了，你怎么搞的？你都忘了应该怎么做了吗？"正确的做法是，让孩子从错误中学习经验和教训，而不要因犯了错误而使自信心受到损伤，甚至受到摧毁。

对成长中的孩子来说，困难和挫折是最好的大学。把挫折教育带给孩子，孩子才能迎接挑战，成为坚强、勇敢的人。奥斯特洛夫斯基曾经说过："人的生命似洪水奔流，不遇上岛屿和暗礁，难以激起美丽的浪花。"一帆风顺长大的孩子，很难创造出生命的辉煌。从现在开始，父母要培养孩子良好的承受挫折的能力，受到挫折后的恢复能力和百折不挠、不向挫折屈服的精神。

第7章 嫉妒情绪：请把孩子带出嫉妒的深海

喜欢攀比，容易为一些小事心生妒忌，这是孩子最普遍的心理。妒忌是一团火焰，如果不能从中抽离，就可能被灼伤，失去理性思考和判断的能力。

1. 妒贤嫉能的孩子长不大

孩子在生活中喜欢占便宜，这是物质上的表现，如果表现在心理、品质上，那就是妒贤嫉能，渴望自己在任何方面都超越别人，永远占上风。一般来说，这两种不同的表现，在本质上是一样的，而后者的危害更大。

有这样一则报道，一个寄宿学校里的两个女生是同班同学，并且住在一个宿舍里。两个人都是班里的学习尖子，每次考试成绩都不相上下。小学毕业那年，大家都憋足了劲儿考重点中学。恰巧，女生甲考试前生病了，虽然不太严重，但是她担心自己考试受到影响，更担心女生乙在考试中超过自己。

万万想不到，在焦虑和不安中，女生甲最后做出了一件终身遗憾的事情，她竟然用开水泼了女生乙，在给他人造成巨大伤害的同时，自己也遭

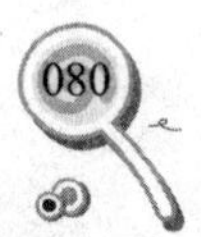

受良心的折磨。

上面的案例中，女生甲是受到妒贤嫉能心理的驱使才会做出过激行为的。从中不难发现，当一个人妒贤嫉能时，往往会丧失理智，采取各种不道德的行为，不但容易给他人带来巨大伤害，也会使自己的成长和发展遭到挫折。

嫉妒会使一个人的思想封闭起来，而没有一个开放的头脑，就不可能产生良好的吸收结果。当孩子对他人充满怨恨的时候，怎么能从周围的世界中学习有益的东西呢？所以，除了怨恨之外，妒忌的人往往一无所有。具体来说，嫉妒对孩子的危害表现为：

（1）让自己丧失通过努力成长进步的机会。孩子嫉妒别人的时候，往往是发现别人比自己做得更好，别人比自己拥有得更多。本来，孩子应该因此加倍努力，让自己获得前进的动力，但是妒忌却让孩子改变了正确的方向，去妨碍和伤害别人。这样一来，使自己失去了努力的时间、精力和机会。

（2）产生消极心理，不利于健康心态的培养。嫉妒的人以消极的人生观为基础，孩子产生妒忌心理的时候，就会信奉“你好我就不好”的信条，长此以往，孩子就会缺少快乐和童趣，甚至走进抑郁症的旋涡。

（3）嫉妒会让孩子的人际关系恶化。通常，妒忌是发生在自己最熟悉的圈子里，孩子妒忌的对象往往是自己的同龄人，是自己身边的同学和朋友。孩子妒忌心强，不能容忍周围的人超越自己，就容易对他人进行种种攻击行为。妒忌的孩子只要发现别人进步比自己快，运气比自己好，心中就不舒服，说话也变得尖刻，甚至还会做出一些不好的行为。

父母要对有妒忌心理的孩子加以干预，避免让他们产生攻击行为，

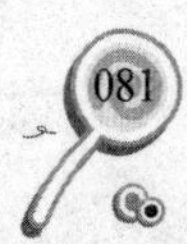

帮助他们走上健康成长的发展道路。实事求是地说，每个人或多或少都有妒忌心。问题是，我们应该怎样采取下一步的行动。孩子产生妒忌的时候，渴望获得和他人一样的成果，这时候父母应该引导孩子朝着这一目标努力，通过自己的付出达到预期目标，从而使自己得到进步，在超越中成长。

第一，父母要重视家庭教育的因素，给孩子创造一个开放竞争的成长环境，避免发生暴力等过激行为。当孩子在心理上失衡的时候，他们往往产生窃取他人成果的想法，如果在家庭中受到暴力倾向的影响，孩子很容易采取非正常的途径解决问题。反之，家庭环境开放、民主，孩子就会通过自己的努力实现内心的需要。

第二，孩子发生妒忌行为时，父母要告诉孩子他人在成功之前付出的汗水与努力。看到别人比自己强，孩子心里不舒服，这时候父母应该让孩子思考对方为什么能成功，从而引导他们规划自己的人生。当孩子学会自我反省的时候，他们就能克制自己的妒忌心，发现自己身上的不足，从而在学习中获得成长的机会。总之，父母要让孩子确立这样一个信条：解决的方法只有一个，就是我要努力进步，活得比你还要好。

2．不傲慢，懂得尊重他人

3岁的媛媛原来在附近的幼儿园上学，和周围街坊的小朋友相处得很

融洽，大家每天一起玩游戏，建立了亲密的友谊。后来，妈妈为了让她接受更好的教育，就换了一个条件好点的幼儿园。此后，媛媛好像换了一个人，对以前那些小朋友疏远起来。

这一天，媛媛和妈妈放学回家，来到楼下时恰好碰到隔壁的小雪。小雪热情地走过来打招呼，然而媛媛就是不理对方。还有一次，其他几个小朋友追着媛媛玩，可是她摆出一副骄傲的样子，根本不把大家放在眼里，惹得大家很没趣。

看到这种情形，妈妈问媛媛为什么不跟别的小朋友玩，她说："我现在在幼儿园有了新的好朋友，而且他们穿的衣服更漂亮，玩具也更好。"妈妈明白了，媛媛开始对朋友挑剔起来了，只喜欢和那些条件优越的孩子在一起，对以前的好朋友有些傲慢了。

接着，妈妈问："你和小雪他们以前就是好朋友啊，怎么能拒绝和他们玩呢！就算你不喜欢和他们在一起，见了面也要打个招呼呀，这样才有礼貌，才是尊重别人。"然而，媛媛仍然不听妈妈的话，一副满不在乎的神情。

相信许多父母都遇到过类似的情形，孩子接触了新朋友、新事物以后，就会产生一种喜新厌旧的心理，以为自己"高贵"起来，开始对先前的人和事挑剔起来，并表现出傲慢的态度。孩子以高低贵贱看待身边的事物，不懂得尊重他人，很容易让自己成为不受欢迎的人，失去朋友和伙伴。

孩子生来并不懂得这个世界的规则，自由的天性本来是一种幸福和快乐，但是个人离不开社会生活，必须合作才能生存、创造和发展。而人与人之间交往最重要的是尊重，因此学会尊重他人，是孩子成长的需要，也

是成熟的标志。在家里尊敬兄长，在外面彬彬有礼，这样的人才会赢得他人的尊重和信任。

对父母来说，最重要的是从小引导孩子尊重家人，学习各种礼仪，在与人打交道的过程中掌握各种技巧。只有这样，他们才能成为受欢迎的人，打开与人交流的大门，使自己得到成长和进步。

一个人生活在这个世界上，离不开与他人接触，更离不开他人的合作。让孩子认识到与人合作的重要性，懂得如何与人打交道，首先要培养态度谦和的作风，学会尊重他人。尊重他人，不分长辈、同辈、晚辈，对身边的人都要给予尊重，尊重他们的感受，才能建立友好关系，与对方融洽相处。

生活中，孩子缺乏全面看问题的能力，并且控制力差，难免在认识上有失偏颇。父母应该尊重孩子，给他们改正的机会，体会他们的心情，这样才能让他们进步、成功。更重要的是，孩子感受到了来自父母的尊重，也会以这样的做法与别人相处，从而实现了良性循环。

一些父母在家庭教育中总是遭遇挫折，一个重要问题就是不懂得尊重孩子，总是高高在上对孩子发号施令。而孩子失去基本的自尊，很容易自暴自弃，陷入了恶性循环中。那些不被他人尊重的孩子通常会说“我想怎么做就怎么做，用不着考虑别人怎么想”“出了问题我自己负责”“我认了，不用你们管”等。

（1）让孩子保持一颗平常心，公正对待身边每个人。学会公正、平等地与周围的人相处，才能避免傲慢，不对人对事有偏见。这样一来，孩子自然能妥善处理好自己与他人的关系，也不会心生妒忌，恶化关系。

（2）父母要让孩子学会与人打交道的礼仪。见面打招呼的时候要采用恰当的称呼，与人说话的时候不盛气凌人，这些都是与人打交道最基本的技巧。父母要让孩子区分环境的不同、交往对象的不同，从而确定自己的言行。

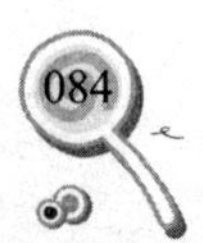

尊重他人，遵守必要的规则，表面上看是一种利他行为——让他人享受到了被尊重的荣耀。实际上，尊重他人，就是尊重自己，因为对方也会以友好的态度回应我们，从而不再因为妒忌而心生怨恨。

3. 不让孩子陷入嫉妒的泥潭中

静静和王颖本来是从小一起玩到大的好朋友。六年级那年，学校根据学习成绩重新分班，她们两个被分到了一个班级里。两人的成绩不相上下，基本上都在班级前列。两人就相约为伴，每天一起吃饭，上自习。本来两个人的关系非常亲密，但是随着毕业考试临近，这对昔日里情深意切的好姐妹，最终却反目成仇了。

原来，静静和王颖的成绩不相上下，但是王颖是少数民族，学校会在录取时给予照顾，虽然两个人的学习成绩差不多，但是王颖会因为民族的原因，在录取时更有优势。这样一来，静静就觉得非常的不公平，渐渐对王颖产生了嫉妒的情绪，这种嫉妒的情绪，使静静开始讨厌王颖，甚至对王颖产生了敌意。

一次，班里进行模拟考试。老师给每位同学都发了一张模拟试卷。但是王颖并没有找到自已的那份试卷，她在桌上翻来覆去地找，仍然没有找到。于是便问："静静，你看到我的卷子了吗？"

静静听后，以为王颖怀疑她拿了试卷，这几天来一直压着的不良情绪，

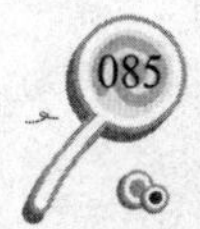

一下子全都爆发出来了。“为什么问我，我已经递给你了，干脆把我的也给你吧！”说着，静静把自己的那份试卷一下子摔在了王颖的桌子上。

静静的大声指责，让王颖在全班同学面前下不来台，她委屈地哭了起来。静静看到王颖眼里的泪水，猛然意识到自己被嫉妒冲昏了头脑，赶紧向王颖道歉。但是，两个人之间的关系还是出现了裂痕，王颖和静静从此再也没有以前那样亲密了，而是像普通朋友那样，见面也只是简单地打打招呼而已。

静静和王颖本来是亲密无间的好朋友，这种友谊本可以相伴一生，然而却因为一点小小的嫉妒心，这段珍贵的感情就烟消云散了。嫉妒心是人人都有的一种心理，嫉妒他人很正常，但是一定要控制好这种心态，不要让它伤害到别人。

静静的这种嫉妒心显然超出了自己的控制，所以她将不满发泄到了王颖身上，随之引发了不好的后果。嫉妒心过重会有很多不良的反应，比如愤怒、不安、急躁等表现。所以，当孩子身上出现这种情绪后，一定要让他们学会提醒自己，不要被嫉妒冲昏了头脑，做出一些让自己遗憾终身的事情。

孩子产生嫉妒心的原因很多，有些孩子好胜心强，不能忍受自己不如别人，如果父母没有好好的引导，就会让孩子被嫉妒心折磨，甚至被嫉妒心摧毁。有些孩子嫉妒其实是因为产生了过多的自卑情绪，比如觉得自己的家庭环境不好，或者是自己的条件不好，面对一些生活条件优于自己的孩子，就会产生嫉妒的情绪。

儿童非常容易产生嫉妒的情绪，父母一定要仔细留意孩子的表现，当孩子表现出嫉妒时，就要及时找出症状的原因，针对原因帮助孩子排解嫉妒情绪。

父母在生活中要有意识地培养孩子调节嫉妒情绪的习惯，让孩子有宽广的胸襟，不要让孩子成为被嫉妒情绪控制的奴隶。父母可以将一些调节情绪的方法告诉孩子，当孩子情绪出现波动时，教会他们使用合适的方法进行调节。

在生活中，父母要帮助孩子正确地认识自我，让孩子意识到，每一个人都是独一无二的，都有别人无法比拟的一面。父母要帮助孩子培养自我的意识，帮助孩子发现自身的优点和缺点，引导孩子正确看待自己和别人不同的优缺点，当发现别人身上的优点时，要及时学习，帮助自己提高。

写给父母的话

很多孩子都会嫉妒别人，很重要的一个原因是因为父母的溺爱，助长了孩子的骄纵、自负的情绪。孩子在家里是所有人关注的焦点，所以到了外面的环境，一下子失去了别人的关注，孩子就会非常的不适应。经常处于这样的家庭环境中，孩子容易心胸狭隘，一旦步入社会，发现别人不以自己为中心时，极端嫉妒仇恨的情绪就会被激发。

父母要给孩子树立正确的榜样，不可表现出嫉妒、自私、小气等不良情绪，以免影响孩子。同时，要培养孩子正确的待人处事的习惯，让孩子去主动发现别人身上的优点，教会孩子“三人行，必有我师”的道理，将他人身上的优点学来弥补自己的不足。

4．谦卑的孩子能走得更远

王丽的爸爸是一家大公司的老板，妈妈是一家医院的医生。从小王丽

就生长在这样一个条件优越的家庭里。王丽上学后，学习成绩很优异，经常代表学校参加一些大型的演讲活动。在老师的眼中，王丽是一名优秀的学生，有着无比光明的前程。

随着孩子逐渐地长大，王丽出落成了一个非常漂亮的大姑娘，大家都喜欢她。就这样，在众人的赞美下，王丽产生了一种飘飘然的感觉，而且这种感觉一天比一天强烈。王丽渐渐开始觉得，所有的孩子都不如自己，自己就是比别人强。

无论是在家还是在学校，王丽总能听到赞美的话语："我的女儿真是让我自豪呀！不但长得漂亮，成绩还好，这不，这次考试又考了第一名。""是呀是呀！你说这孩子也真是让人喜欢，净挑着我和她爸爸的优点长了。""大家都要向王丽同学学习，不仅人长得漂亮，学习成绩还好"……

每次听到这样的话，王丽都会非常开心，她甚至觉得自己是这个世界上最完美的人了。父母、老师和同学们的夸赞让王丽变得骄傲自大起来，她看不起所有的同学，甚至老师的话也不听了。

有一次，王丽和同学吵架，王丽直接就气势汹汹地对同学说："就凭你，也配和我吵架，我如果是你，早就没脸活着了。"王丽的话伤害了同学，同学哭着向老师讲述了事情的原委。老师听完后，觉得王丽不对，于是批评了她。但王丽并没有放在心上，心想大不了转学就是了。

情绪分析

王丽之所以骄傲自大，目中无人，完全是因为父母没有正确的教育和引导，才使王丽从一个原本聪明伶俐的好孩子，变成了蛮横无理、不知礼节的孩子。父母的夸奖固然重要，但是一定不能让孩子变得骄傲自满，要给孩子树立谦卑的心态。

在孩子的成长过程中，父母一直都是孩子最好的老师。很多孩子不懂得谦虚，往往是因为父母没有在生活中以身作则，反而表现得骄傲自满。如果父母在日常生活中不具备谦卑的品行，孩子在潜移默化中，也就学会了父母待人处事的方式。

小孩子就像是一张白纸，父母给孩子灌输什么思想，孩子身上就会有什么样的表现。父母要从小给孩子灌输谦卑的思想，日常生活中，父母要严格地杜绝孩子骄傲自私的行为。每一个生活中的细节，父母都要及时关注，不可以纵容。

有些父母平时工作忙，没有时间关心孩子，觉得自己亏欠了孩子。所以就在物质生活上，想办法补偿孩子。但是这种物质上的优越，非常容易使孩子养成炫富攀比的心理。父母要教会孩子勤俭节约，告诉孩子这是一种美德。

（1）帮孩子认清自己，摆正心态。

父母可以给孩子提供舒适优越的生活环境，但是一定要告诉孩子，这些环境并不能让孩子比别人优秀，更不可能成为孩子炫耀的资本。要告诉孩子一个道理：靠父母、靠家庭是成功不了的。

（2）不要过度地夸奖孩子。

很多父母担心孩子不自信，当面对其他的孩子时，会变得自卑。所以一有机会，父母就会想办法夸奖孩子，有时候孩子明明做得不对，父母也要变着花样来夸奖孩子。孩子长期生活在这样的环境中，难免会有点飘飘然。对孩子的夸奖要点到为止，既不能一点也不夸，又不能夸得过火，以免孩子骄傲起来。

（3）教会孩子尊重他人。

父母觉得自己的孩子是最好的，这是为人父母的天性，是无可厚非的。但是要教会孩子尊重别人，不要因为别人不如自己，就看不起别人。尊重他人就是尊重自己，这是父母要教会孩子的基本道理，要让孩子明白

尊重他人是做人的基本修养。

写给父母的话

谦虚是一种生活的智慧，是一种处世的哲学，更能够体现一个人的美德。在生活中，往往越是优秀的人，越懂得谦卑，因为他们具有良好的情绪管理习惯以及健康、乐观的心理。一个谦卑的人，一定是一个有修养的人。

当然了，谦卑不是一朝一夕就能够培养起来的，父母要想培养孩子谦卑的心理，就要从点滴做起，耐心引导，通过生活的细节影响孩子，使孩子成为一名高情商的健康孩子。

5. 引导孩子发现更好的自己

小丽的性格非常软弱，在与人交流时从来都不敢正视别人的目光，在路上走的时候，也一直低着头看地，似乎担心别人看到她。

小丽这样的性格同父母有很大的关系。以前的小丽不是这样的，她美丽活泼，开朗大方，一直是同学眼中的“乐天派”，人际关系很好。但是在小丽12岁那年，父母离婚了。这件事情让小丽很受打击，觉得自己被抛弃了，从此小丽变得不愿与人交往，也不爱笑了。

小丽的爸妈离婚后，对孩子的关照也少了。因为母亲没有正式的工作，所以妈妈三天两头地向小丽的爸爸要小丽的生活费。而小丽的父亲再婚了，继母这边也不愿意给。

有的时候，为了要到生活费，小丽的妈妈会带着她在爸爸家门前要钱，一坐就是一整天。这边听着妈妈的谩骂，那边听着继母的嘲讽，小丽的内心受到了很大的打击。一次，小丽实在忍受不了这种情形了，一下子崩溃大哭，说道：“是我连累你们了，不要再为我的生活费吵了！”

这件事过后，小丽选择了离家出走。父母都非常着急，四处寻找，但是几天下来没有小丽的一点音讯。后来，在警察的帮助下，才找到了她。尽管小丽的父母把孩子接了回去，好言安慰了一番，但是这件事情还是给小丽带来了很大的打击。她觉得，自己就是一个多余的累赘，自己的存在只能给父母带来麻烦。久而久之，小丽自己也开始嫌弃自己，变得不爱和人说话，也不爱笑了。

小丽的经历给很多家庭都敲响了警钟。家庭对孩子的身心健康有着很重要的影响，只有营造一个良好的家庭环境，才能让孩子健康的成长。父母要警惕大人的事情影响到孩子，要给孩子一个充满爱的空间，让他们学会如何爱自己。只有孩子爱自己了，他们才会健康成长。

很多父母觉得孩子还小，即使当着他们的面吵架也无所谓。因此，有的父母不懂得克制自己，在孩子面前不停地争吵，害人害己。聪明的父母不会当着孩子的面吵架，也不会当着孩子的面和别人吵架。他们时刻把孩子放在心上，照顾他们的感受，带给孩子温馨的成长环境。

要想引导孩子发现更好的自己，还要培养好孩子的自信心，不要总说一些伤害孩子自信心的话。比如，“你咋这笨呀！”“天呀，你可急死我了！”“真是一个窝囊废！”等等。生活中，父母要多鼓励孩子，让孩子多体验一下成功的感受，让他们知道可以凭借自己的力量达成所愿。

父母要给孩子自由发展的空间，对孩子的管教一定要适度。不能把孩

子管得死死的，一点空间都不给孩子。孩子是独立的个体，不是父母的附属品，要给孩子自由空间，让他去做自己喜欢的事情。只有将孩子的兴趣培养好，他才能够认识自己，从而健康地成长。

总之，当父母发现孩子产生了自卑的不良情绪时，一定要反思一下自己，及时找到原因，看看是不是有什么事情影响到了孩子。自卑情绪最容易出现在缺乏父母关爱的孩子身上，很多父母不能给孩子提供一个和谐、温馨的家庭环境，让孩子缺乏一种安全感。这样孩子对周围的事物都存在着一种防备的心理。孩子长期生活在这种环境中，就会慢慢地滋生自卑的情绪。

写给父母的话

如果父母对孩子的要求过多，显然容易让孩子产生自卑的心理。父母什么事情都不让孩子做，孩子渐渐就会觉得自己什么事情都做不好，久而久之，孩子就容易产生自卑的心理。

自卑心理容易让孩子对同样成功的孩子产生嫉妒情绪，因此父母要注意引导孩子赞扬和肯定别的孩子的成功，更要引伸至发现和学习成功背后的努力和自信。最好的方法就是，教育孩子自己的事情要自己做。父母要给予孩子充分的尊重和信任，让孩子能够自己解决自己的事情。孩子想要更好地表现自己，首先就要学会独立。父母不能剥夺孩子表现自己的权利，更不能让孩子失去尊严和自信，变得自卑和软弱。最重要的还是要让孩子有自信心，当孩子成功了，引导孩子总结成功的经验；当孩子遭遇了挫折，要让孩子明白嫉妒对自己的成功没有任何帮助，而只能使自己更自卑。

第8章　焦虑情绪：帮助孩子跨越成长的烦恼

在父母的观念里，孩子是无忧无虑的，每天都与快乐为伴。其实，孩子不仅面临着巨大的学习压力，还要应对各种未知的困难和挑战，成长的过程并不轻松。因此，父母应该提供更多帮助，引导孩子摆脱焦虑。

1. 从心理学角度解决孩子的分心问题

杨蓉非常喜欢体育运动，她加入了学校的垒球队、篮球队和体操队。除此之外，她什么也不关心。妈妈常说，如果杨蓉能够把对体育的一半热爱放到学习上，她的成绩一定非常优秀。杨蓉很难集中精力做作业，并且做事没有条理，她经常会忘记把作业带回家，卧室也乱七八糟。

随着一天天长大，杨蓉越来越难静下心来。写作业的时候，她每5分钟就要休息一下。但是如果让她做一些不需要静下心来的事情，比如看电视或玩游戏之类的，就不会被影响，可以一坐几个小时。杨蓉的注意力只能集中在自己喜欢的事情上，如果她不愿意做某件事情，就很难专心。

老师这样描述杨蓉，她是一个非常聪明和有才华的女生，但是在学校并不是特别重视功课，她经常会犯一些特别粗心的错误。此外，她也会想办法找一些捷径在学习中偷懒，还经常不完成作业。

最近，父母发现杨蓉越来越没有耐心了，即使是做自己喜欢的事情，也只是三分钟热度，很容易就失去耐心。父亲和垒球教练都发现她开始对运动也失去兴趣了，即使是最喜欢的垒球有时候也只是玩几分钟就会失去兴趣，而不是像以前那样全神贯注，将精力都投入其中。

杨蓉似乎很难和她的同龄人和睦相处。她总是很快地与别人成为朋友，但又很快地和朋友把关系变得很冷淡。当父母问杨蓉在交往中遇到什么困难的时候，她说不知道跟别的孩子说些什么。

杨蓉的这种情况是一种典型的注意力缺陷，很多孩子在小的时候都会有这种情况，它会影响到孩子的学习、生活和社交活动。有的父母最初只是以为是小孩子活泼好动，所以并没有放在心上；但是随着年龄增长，如果没有良好的引导，就会发展为心理学上说的注意缺陷障碍／多动症、注意力缺失症（ADD）。

所以，并不是杨蓉懒惰、没有动力或者不够专心，而是她被一种无法集中注意力的障碍困扰着，同时又影响着她生活的很多方面，包括她的时间感。如果她觉得一件事情无法引起她的兴趣，那么5分钟的时间和5个小时的时间是一样的。但是，如果她正在做自己感兴趣的事情，那根本就不会感觉到时间的流逝。

当然，这种情况并不是说无法解决，毕竟杨蓉玩视频游戏的时候很专心。注意力不集中的孩子是可以集中注意力的，尤其是当眼前的任务是令人兴奋的、具有刺激性的。实际上，研究表明，患有注意缺陷障碍

的孩子和正常的孩子一样在活动中能集中注意力，比如看电视或者玩视频游戏。但是，如果进行一些乏味的、孩子不喜欢的活动，比如做作业，就会影响孩子的注意力维持，孩子很难在这些不是十分刺激的活动上集中精力。

如果孩子在社交过程中喜欢打断别人的话，那并不是他的社交能力存在问题，或是不尊重他人，而是因为他担心自己会忘掉想说的话。因为他们只在意正在经历的事情，而不会保留已经过去的事情，所以他们的注意力只会被现在正在说的话吸引。而且一旦某些事物在最一开始没有引起他们的注意，那就很容易被他们忽略。

写给父母的话

父母想要解决孩子的这个问题，可以引导孩子在生活中制订计划，提前将所有要做的事情罗列出来。然后，按照计划的清单一件件做，这样做事就能够有条理。一开始，父母要提出要求，让孩子把需要做的事情写在清单上，时间久了，可以让他们在脑子里面罗列清单。慢慢地，他们在生活中做事情就会有条理了，不会再丢三落四了。

当然，还有其他的办法。比如，将需要孩子做的事情以任务的形式安排给他们。注意力不集中的孩子非常容易被任务吸引，所以父母只要告诉他，这件事情是一件好玩的任务，任务完成后，就能够得到相应的奖励，那么孩子就会将所有的注意力都集中到这件任务上面，直到完成它。父母可以把学习这样的事情，都安排成一件件的小任务，让孩子去完成。久而久之，孩子习惯了这种学习的方法，他们就容易集中注意力了。

2. 孩子压力过大会情绪失控

小明以前是一个活泼懂事的孩子，学习成绩非常好，老师和同学们都很喜欢他。小升初的时候，他顺理成章地考上了县城里面最好的中学。但是班里面有很多学习更好的学生，小明承受了巨大的心理压力，成绩出乎意料地降了下来，而且丝毫不见好转。

老师发现小明的成绩不见好转，长此以往，也没有考上重点高中的希望了，就不再关注他了。有时候即使小明主动向老师请教一些问题，老师也不愿意解答，只会敷衍道："这个问题你自己思考一下吧，如果实在想不明白就放弃吧，给你讲了，也是浪费时间。"小明听到老师毫不在意的语气，感觉自己被放弃了，一下子跌入了谷底。

随着中考的临近，小明终于承受不了这种压力了，他想把不满发泄给老师。一天上课的时候，小明几次站起来想问老师几道题。但是老师总是无视他，连说话的机会都不给他，小明有些生气，不顾老师的阻止问道："老师，为什么我想提问，您不理会呢？"

老师见小明如此质问自己，一时下不来台，敷衍道："你问的问题，几乎都很偏，超出了考纲，所以我没必要回答。"

小明不依不饶，说道："可是，老师，今天我还没有问呢。您怎么就知道我的问题超纲了？"

老师听后非常生气，直接说道："你已经考不上重点高中，给你解答问题只是浪费时间，不如老老实实地待在教室里面。"

小明冷笑一声，突然，他健步如飞地走到了讲台，对着老师猛地就是几拳。顿时，教室里乱成了一团……

生活中处处都有压力，小明因为压力而失常其实是处在情理之中的。孩子的情感是比较脆弱的，如果有人在生活中碰触了他们情绪的底线，那他就很容易做出过激的反应。尤其是小明之前承受着成绩下降的压力和老师的羞辱，一直没有得到缓解，再经过课上的导火索，最终失控爆发也就可想而知了。

每个人承受负面情绪都是有一定限度的，当承受的压力超出了一定的限度，就需要及时排解。一方面父母要及时与孩子沟通，为孩子提供一个温馨的港湾。父母是孩子最信任、最亲近的人，孩子有什么心里话，都是愿意跟父母说的，所以父母要及时劝解孩子，并给孩子一些安慰，让孩子的心有一个可以停靠的港湾，帮助他缓解心中的压力和不良的情绪。

实际上，当人感受到压力时，可以用笑容来释放压力。俗话说，笑一笑十年少，并不是没有道理的。当你开心地笑时，身体上的紧张、郁闷、愤怒、痛苦等不良的情绪都得到了释放。所以，有意识地培养孩子爱笑的习惯，能够缓解孩子承受的压力。

当情绪积累到一定的地步，是需要发泄的。父母要给孩子提供发泄情绪的空间，可以带着孩子到没有人的地方大喊两声。或者是带孩子去做一些体育运动，比如跑跑步，不仅能锻炼一下身体，还可以顺便放松自己。

其实，每个人都承担着生活的压力，父母可以把自己的经历告诉孩子，让孩子明白：其实现实生活中的每一个人都有自己的烦恼和心理压力；有压力和承受压力是很正常的事情，也是很普通的事情。

当孩子主动向父母倾诉压力的时候，可以和孩子一起分析一下压力产生的原因，并且将自己知道的一些名人承受压力的故事告诉孩子，这样孩子的心理就会平衡。让孩子明白，原来承担压力并不是那么严重的事情，于是他心中的压力就会减轻，不良的情绪也会自然地得到缓解。

写给父母的话

父母不要主动地给孩子增添过多的负担，有些父母盲目地剥夺孩子所有的业余时间，一会学奥数，一会学钢琴，孩子忙得晕头转向。而且父母过于在意孩子的学习成绩，当孩子考得不好时，就会对孩子进行指责，长此以往，孩子就一直在承担着压力。

如果发现孩子压力太大时，可以咨询一下相关方面的专家，寻求疏解孩子压力的办法，也可以为孩子调整饮食，来缓解孩子的情绪。当孩子吃到可口的饭菜后，心情自然就会变得愉快，心里的压力就会得到适当缓解。

3．患得患失让孩子失去内心的安宁

婷婷已经13岁了，但她的性格还是和一个八九岁的小丫头一样，非常的不稳定。遇到高兴的事情，她就会忘乎所以，就像要翻天一样，极度兴奋；但是遇到伤心的事情，她就会表现得非常难过，甚至会一整天不吃不喝。

最近，婷婷盼望已久的生日就要到了，为了这个生日，她花尽了心

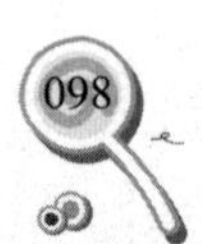

思。过生日前，妈妈说要给婷婷一个惊喜，她非常期待，整天都在想这个惊喜会是什么，连上课都变得心不在焉。课堂上，老师一再强调这节课非常重要，因为有重要的知识点，同学们也都在认真听着，不时做着笔记。但是，婷婷却一直沉浸在将要过生日的喜悦中，计划着怎么安排生日聚会。人虽然在教室里，但是心思早就不知跑到哪里去了。

果然，生日聚会如她所愿，顺利地举行了。婷婷收到了妈妈的礼物，还邀请了几个要好的朋友到家里面玩，一切都很顺利，大家都很开心。

但是接下来的考试，就悲剧了。之前在课上，婷婷一直在走神，老师讲的知识点一个都没有记住，考试卷子上面的题很多都不会。结果，成绩一下子从上次的第6名滑落到第15名。

老师看到这个成绩后，也非常担心，找她谈话询问原因。婷婷不好意思说是生日的原因，对老师支支吾吾，解释不清。成绩的下滑，让婷婷非常失落，生日的喜悦也变淡了。同学们发现，原来爱热闹的婷婷突然安静下来了，整天唉声叹气。

生日是人一生中非常重要的一个日子，很多人都会把这一天放在心上，但是婷婷却显得过于在意这件事情了。她把这件事时刻记在心头，以至于影响了日常的学习，导致了成绩下滑。

婷婷是一个容易患得患失的小姑娘，无论是任何事情都会放在心上，念念不忘，直到解决了才能够转移自己的注意力。其实，她完全没有必要时时都惦记着这件事，做别的事情的时候，暂时遗忘一下，有何不可呢？准备生日时，把所有的精力都放到生日上，导致考试没考好，整个人都陷入低落的状态中了。如果婷婷不能尽快摆脱这种低落的情绪，必定会影响到日后的健康成长。

孩子在小的时候，经历的事情非常少，所以经常会为了一件事情而患得患失。作为父母，在帮助孩子疏导不良情绪时，不仅要让孩子忘怀不愉快的事，也要放下沾沾自喜得意的情绪，因为过于情绪化，会影响孩子的健康成长。从心理学的观点看，长期患得患失，生活在过去的不良情绪或者是对未来的期盼中，容易与现实生活脱节，会严重威胁心理健康和心智的发展。

当孩子长大步入社会后，就会发现几乎每天都要处理各种各样的事情，这就需要孩子有一个良好的心态，妥善调整自己的情绪，不要让自己的情绪太容易被影响。无论是得是失，都将会过去，都会变为过眼烟云，只有将得失遗忘，再次从零出发，才能跨越人生新的境界。

孩子不知道如何调节自己的情绪，就需要父母来指导他们，告诉他们一些方法。当孩子太过在意某件事情时，父母可以教孩子转移注意力，比如带孩子去公园玩一玩，或者是让他们做一些喜欢的游戏。这样孩子的情绪就会不自觉地放松下来。

有些孩子天生就比较多愁善感，非常容易陷入到低落的情绪中。所以当孩子长期处于情绪低落状态时，父母不妨带孩子走进大自然，去领略自然界的雄奇风光，大自然的青山绿水会让孩子的心情变得愉悦。父母要在适当的时间，带着孩子多出去走走，或是放眼大海，或是登上高山，又或者是走进森林。孩子在领略大自然魅力的同时，心胸自然就会变得宽阔。

写给父母的话

人生需要反思，生活需要总结和遗忘，父母要教会孩子反思和总结，用理智过滤掉自己思想上的杂质，保留真诚的情感。人的精力是有限的，只有善于遗忘不良情绪的人，才能够保留生活中的乐趣。让孩子抓住眼前的重要事情，把不开心的事情抛在脑后，孩子才会有一个快乐的人生。

4. 善于发现孩子身上的亮点

小斌放学回到家，把这次数学考试的成绩给爸爸看。“85分？这些题目我都给你补习过啊，你怎么才考了85分呢！”爸爸大为不满。

妈妈拿过试卷，看了一会儿也抱怨起来：“这么简单的题目都不会做，你能干什么？”“这个符号都不会写，怎么能不丢分呢？”爸爸禁不住在一边附和：“你怎么这么笨！”

小斌听了这样的话，感到特别自卑，简直失去了继续好好学习的心思。难道自己真的像爸爸妈妈说的那样笨吗？孩子在父母的牢骚声中变得不自信了，内心焦虑无比。

只注意发现孩子身上的缺点，看不到孩子的优点，这是许多父母的通病。他们或许更明白“谦虚使人进步，骄傲使人落后”的深意，但是经验表明，肯定孩子比否定孩子更能激发他们的进取精神。在家庭教育中，对孩子不敢大胆表扬，而较多采用批评、惩罚的方法，往往带来许多消极影响，也背离了激发孩子潜能的教育初衷，并且加重孩子内心焦虑、沮丧的情绪。

其实，父母换个方法，告诉孩子“你真棒”，一定会收到出其不意的效果。善于发现孩子身上的亮点，不但能帮助孩子建立自信，增强努力的激情，还可以把他们从情绪低落的焦灼情绪中解放出来。事实上，即便孩子某些方面做得不好，父母仍然要给予孩子一些安慰和鼓励，从而激发他们再接再厉的斗志。

心理学家威廉·詹姆士说过：“人性最深切的渴望就是获得他人的赞赏。”通过赏识，父母可以发现孩子身上的亮点，这样就可以在鼓励中赢得孩子的信任，进而实现彼此的良好沟通。孩子一旦得到父母的赏识，必然也会在内心接纳父母，这样一来他们就会懂得尊敬父母，而不是我行我素、乱发脾气了。

历史上，凡尔勒的科幻小说得到第十六家出版社的赏识，作品才得以蜚声世界；俄国著名诗人普希金得到茹可夫斯基的赏识，最后才成为“俄罗斯文学之父”；而白居易得到顾况的赏识，才诗满天下，在我国文学史上占有一席之地。

生活中，当孩子取得了不错的成绩时，父母不应该把内心的喜悦隐藏起来，而应毫无保留地表达赞赏和肯定。和孩子一起分享成绩，本身就是一件快乐的事情，也能增进父母与孩子之间的感情。如果父母对孩子的成绩视而不见，甚至提出善意的“批评”，不但让孩子产生巨大的失落感，更会让他们否定自己的努力。

而当孩子在学习、生活中不尽如人意时，父母则应通过鼓励的话语激励孩子继续努力，日后取得优异的成绩。反之，对孩子恶语相向，只能使孩子产生自卑、破罐子破摔的想法，会真正把孩子毁了。

告诉孩子“你真棒”，这是父母给孩子最好的礼物，能够最大程度上让孩子充满自信地面对明天的路途。林肯说过：“每个人都希望受到赞美。”扪心自问，难道我们不强烈渴求自尊和他人的重视吗？父母要学会将心比心，才能在换位思考中理解家教的真谛。

研究发现，孩子会因为父母的表扬而越来越出色，也会因为父母的轻视或呵斥而日益消沉、自甘堕落。在与孩子沟通的过程中，父母应该学会利用一个肯定的手势、一次期望的目光，给孩子更多期许和鼓励，给他们更多进步的动力。

一位教育专家说过：“一个找不出自己孩子优点的父母，不是一个合格的父母！”孩子脾气倔，做父母的首先不能抱怨，而要学会分析其中的原因，毕竟我们是成年人，更应站在理性的角度思考深层次的问题，一味苛求孩子往往无济于事。

（1）了解孩子，读懂孩子的心事。

孩子脾气倔，不听大人的话，一定有自己的原因。这时候，父母应该学会进行换位思考，善于从孩子的角度考虑问题，必要的时候要放下身段和孩子进行良好沟通，打开彼此的心扉。不问青红皂白就对孩子指责和批评，只能让彼此的距离越拉越远，达到水火难容的地步。每个人的心都是柔软的，父母既然那么爱孩子，为什么不走进他们的内心世界呢？

（2）把孩子的不足、失误看作自己的事情。

一些父母之所以总是对孩子喋喋不休，苦口婆心，是因为孩子学习成绩不理想，或者经常惹麻烦。发生这种情况的时候，父母不要一味责怪孩子，这样只能让他们感受到巨大压力而于事无补；正确的做法是把孩子的不足和失误看作自己的事情，努力帮孩子想办法解决，并给予鼓舞和支持。

“千里马常有，而伯乐不常有。”人才在于培养，更在于发现和使用。在家庭教育中，父母只有扮演好伯乐的角色，善于发现孩子身上的亮点，才能激发孩子的自信心和潜能，促进其成长、进步。那种一味苛求孩子的做法，常常让幼小的心灵缺乏行动的勇气和力量，甚至产生抵触情绪，最终一事无成。

5．帮孩子上好“情绪辅导课”

2004年冬季，某市初一的学生王某坠楼身亡。当地公安部门通过立案侦查，把这件事定性为自杀事件。王某在同学老师眼中堪称优秀的学生，为什么会跳楼自杀呢？

调查发现，王某学习非常刻苦，自觉性也很强，在班里的学习成绩一直名列前茅。但是，他性格内向，不太爱讲话。而在自杀前，老师和同学都没有发现他有任何异常的行为发生。后来，人们发现了王某的日记，知道了这个孩子内心的秘密。从日记中，人们发现王某流露出轻生的念头，并且近几年来他的内心充满了矛盾与痛楚。

在王某的日记中，有一篇这样写道：“距离考试只有20多天了，时间紧迫，还有太多的事没有完成，还有太多的考试题目没有做。我想和大家交谈，发泄心中的紧张和焦虑。但是，每个人都是自私的，个人主义极度的扩张。班里拉帮结派，我是不善言语、不善交际的人，只能独来独往……如果考不出好成绩又要被同学笑话、被老师批评了，回家还要被爸爸暴打，生活真是没意思……”

面对儿子的离去，王某的父母悲痛欲绝。他们通过反思承认，孩子的死与学习压力太大有关，也与自己对孩子的期望值过高分不开。学校和家长只抓学习成绩，很少关心过孩子的内心世界。

情绪分析

孩子因为学习压力大，陷入了焦虑情绪，最后走上不归路，这是一个悲惨的故事，给所有父母都敲响了警钟。在父母眼里，孩子没有社会压力和经济负担，应该是快乐的，所以只在物质上满足孩子的需求。其实，孩子和大人一样，也有喜怒哀乐，会产生一些不良情绪和刺激。

在繁忙的学习中，孩子很容易产生紧张情绪，而这对他们的内心世界和情感是有害的。一般来说，大人遇到紧张、疲惫情绪时，会自我调节，通过在生活中增加兴趣、热情和戏剧性，使我们的生活变得激动人心和快乐。但是，孩子并不能掌握缓解紧张情绪的处理方法，所以他们常常需要父母的帮助。如果不良的情绪处理不好，就会使孩子在心理上陷入沮丧和悲伤状态，并且可以持续几个月，甚至更长的时间。

随着年龄增长，孩子的成长烦恼也会日渐增多。父母只是单纯抓学习成绩是不行的，要多关心他们的心理健康。在家庭教育中，一定要搞好心理教育，不能对孩子默不关心，甚至刻意给他们施加压力。如果父母不能帮助孩子走出心理障碍，就要带孩子求助心理医生。

生活中，父母不仅要照顾好孩子的生活，还要注意帮他们做好“情绪辅导”，及时摆脱焦虑的情绪。通常，孩子对周围的世界非常敏感，也有自己的自尊心，父母如果不能及时发现他们的不良情绪，很容易酿成大错。

（1）仔细观察孩子的行为，学会预测孩子可能会出现的不良情绪。

想要帮助孩子，首先要了解孩子。父母应该多看一些相关的图书，关注孩子教育方面的事情，知道哪些事情容易使孩子感到紧张，甚至可能导致孩子沮丧。经验表明，这些事件包括住院、开始上学或者上学的最后一年、孩子学习成绩下降、身体受伤等。

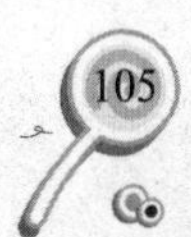

（2）经常倾听孩子讲述日常生活、学习经历。

防微杜渐，孩子的不良情绪会在日常生活中显露出来，或者因为情绪波动陷入紧张焦虑中。所以，父母要经常和孩子谈心，在和孩子的交谈中透露出对他们的支持，并且据此鼓励他们充分表达自己的感情。如果孩子把沮丧或者紧张的情绪说出来，就要帮助孩子克服它们，把它们消灭在萌芽状态。

（3）及时帮助孩子化解紧张、沮丧等不良情绪。

孩子在情感上陷入恐惧、情绪低落、厌烦、闷闷不乐、激动、愤怒等状态时，就会在行为上表现出来。比如，从不同寻常的畏缩变成不同寻常的好斗，或者从不同寻常的平静变成不同寻常的忐忑和激动。这时候，父母就要注意，孩子是否出问题了，必须及时进行干预。父母采取有效的措施，不但能帮助孩子摆脱不良情绪的束缚，还能让他们切实感受到父母的关爱，增进对家庭的归属感。

写给父母的话

孩子面临着强大的学习和竞争压力，如果得不到及时的心理干预，很可能引发心理疾病，甚至出现离家出走、自残等行为。所以，父母要注意孩子的心理变化，学会关爱他们，并让他们掌握自我心理调节的技巧，通过做好“情绪辅导”的功课，成功跨越成长的烦恼。

第9章　恐惧情绪：孩子的心灵要成长在阳光下

给孩子一个温馨的家庭，在孩子受到伤害时为其遮风蔽雨，就能够帮助他们远离恐惧，获得应有的安全感。内心安定的孩子更有勇气应对眼前的挑战，让内在的潜能爆发出来。

1．帮孩子找回内心的安全感

芳芳从小体弱多病，经常要到医院打针输液。和其他小朋友一样，芳芳也感到恐惧，一见到医生就开始大哭大闹，东躲西藏，叫喊着要把医生赶出去。无论怎么哄她，都不管用。最后，爸爸妈妈只好强行按住她，医生才得以顺利地把针打完。

有过几次就医经历后，芳芳只要一听去医院，就会躲进屋子里，害怕地不再出来。有几次，父母强行把她带到医院去打针，她闹得脸红脖子粗，甚至晕过去了。父母非常着急，就算孩子不愿意看病，但是也不能不治病啊。妈妈看到孩子哭红的眼睛，都心疼得不得了。

有一次，芳芳又病了，父母像往常一样强行把她带到了医院。芳芳一进医院就知道要发生什么，大声地哭闹，整个走廊都是她的声音。这时候，一个医生走了过来，笑着对哭得上气不接下气的芳芳说："孩子别哭了，我问你认识明明吗？"

芳芳摇摇头，委屈地说："不认识。"

医生接着说："她是一个特别漂亮的小女孩，和你一样大。有一次，她也来打针，也很害怕。于是，她像你一样哭了起来，后来医生不给她打了，结果她的病越来越重了，最后都没有力气吃好吃的零食，也不能和其他小朋友一起玩了。你也想像她那样吗？"

芳芳听后，开始认真思考，她不能不吃零食，不能远离小伙伴。而且医生告诉她，只要她不哭不闹，医生打针就不疼了。随后，芳芳果然不哭不闹，乖乖打完了针。

芳芳的这种恐惧，来自于她并不清楚打针的后果，所以觉得打针非常可怕，对打针怀有一种恐惧的心理。但是医生的解释，让芳芳清楚了打针并没有那么的可怕，给她营造了一种安全感。芳芳明白了打针的好处，于是就战胜了恐惧。

父母在疏解孩子的恐惧情绪时，首先要为她排解内心的不安全感。孩子的恐惧往往来自于对未知事物的了解，完全凭借自己的主观意识判断一件事。父母要做的就是，让孩子了解未知的事情，打消孩子内心的不安。

如果孩子本身就胆子很小，父母在日常教育孩子时，一定不能吓唬孩子。有些孩子小的时候，一直喜欢哭闹。父母为了让孩子停止哭闹，就吓唬孩子："不许哭了！再哭，妖怪就来了，专吃爱哭的孩子。"小孩子因为害怕，听到父母说之后就不哭了，但是恐惧的种子也在孩子的心里种下了，以后孩子担心有妖怪，更加不敢去碰未知的东西了。

有些孩子受父母关系的影响，在家中经常看到父母争吵，甚至家暴，孩子就会担心自己受到伤害。家是孩子最好的归宿，父母要努力给孩子提供一个安静祥和的家庭环境，让孩子明白，爸爸妈妈会保护好他，只要有爸爸妈妈在就不用害怕，这可以消除孩子内心的恐惧，让孩子感觉到安全。

日常生活中，孩子偶尔的恐惧胆小，父母不必过于担心。恐惧是人类遇到伤害或可怕的事物时的一种本能反应，它是人潜意识里对自己的一种保护，在某种程度上可以激发人的防御本能。它不是一种可怕的不良情绪，相反还具有积极的作用，让孩子在遇到未知事物时保持冷静。一般这种偶然型的恐惧，会随着孩子年龄的增长，逐渐消失。

但是，任何事情都有一个度。如果孩子对一些常见的事物都保持恐惧，并且表现出强烈的不安，甚至还影响到了孩子正常的人际交往。对此，父母就要警惕了，这是恐惧升级的表现，是一种不良的情绪，这种情绪已经影响了孩子的心理健康。此时，父母需要对孩子进行合理的疏导。

写给父母的话

很多孩子内心缺乏安全感，其实是因为不敢做出尝试，这与父母在生活中对孩子的过度保护有很大的关系。有些父母担心孩子受到伤害，于是在生活中无微不至地照顾孩子，什么事情都不让他们尝试。

显然，父母要适时鼓励孩子大胆尝试，培养孩子独立的个性，让他们勇敢面对一切。父母要发挥榜样的作用，在孩子面前多做一些令其感到恐惧的事，让他明白这没什么大不了。孩子的安全感是可以培养的，父母只要在生活中有意识地引导，就可以给孩子一个健康快乐的童年。

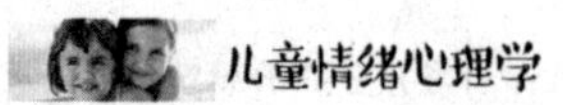

2. 唯唯诺诺的孩子在心理上没长大

小松是初一的学生，个子高高的，但是有点驼背，走路时习惯低着头，不敢和人进行眼神对视。如果有人在路上和他打招呼，他也就匆匆地点个头，然后迅速走开。小松的眼神永远都是一副软绵绵的样子，不敢看人。

其他的孩子在这个年纪都朝气蓬勃，但是小松却整天死气沉沉，在他身上看不到任何活力。他整天都背负着沉重的学习负担，父母和老师的殷切期望更是让他如坐针毡，一刻不得放松。在他心里，似乎做点别的事情就会影响到学习。

在同学眼里，小松是一个十分无趣的人。他不玩游戏，因为担心会分散学习上的注意力；他不做体育运动，因为担心浪费学习时间。因此，小松和其他的同学几乎没有任何交流，虽然内心非常渴望和同学们聊天，但是他除了学习什么都不会，跟同学之间根本就没有共同话题。

单调的学习生活让小松很难承受学习上的失败。有一次，小松没有考好，回家后被父母一阵批评。爸爸为他讲解试题，妈妈给他描述现在严峻的形势，而小松也不会表达自己，只能按照父母的安排走，父母怎么说他就怎么做。渐渐地，小松做什么都没有了自己的主意，只会听从别人的安排。别人说什么，他就唯唯诺诺地做什么，成了一个应声虫。

当今社会，父母对子女总是有着过高的期望，把自己的全部精力都投入到对子女的教育中，给他们带来很大压力。父母把自己曾经的梦想，都投入到孩子身上，希望孩子能够实现这一目标。

最明显的表现是，父母总是在意孩子的成绩排名，必须要排在班级前列才行。到了周末，还要给孩子报一堆的课外班，不管孩子是否有音乐、绘画的天赋和兴趣，统统成为孩子必学的才智开发内容。

父母给孩子积极安排各种各样的学习班，但是从来不关注孩子是否有这些“兴趣”，往往都是父母给孩子报名之后，才通知孩子要去上这个班。有时候，父母表现得比孩子还认真，回家后还会检查孩子的学习情况，如果孩子没有学好，还会大肆批评一番。

现在的父母，在孩子没有出生的时候，就替他们做好了未来的人生规划。于是，孩子只能按照大人的安排来发展，如果背离了大人的安排就是不听话。结果，很多孩子离开了父母的庇护进入社会后，立刻变得手足无措，只能唯唯诺诺地跟在别人的身后。

很多父母把对孩子的期望全部都投入到学习成绩中。事实上，对孩子的期望应该是多方面的，不能只着眼于孩子的智力与成绩。以孩子智能的高低和学业成绩的好坏，作为衡量孩子是否成功、将来是否有前途的重要标准，是现代社会的流行病。事实上，衡量一个人是否成功是有许多评价标准的。

还有一些父母喜欢把孩子作为攀比的工具，满足自己的虚荣心。如果孩子不如人家，就会说“你看谁谁家的孩子”，完全不考虑孩子的实际感受、实际能力。把自己的意愿强加到孩子身上，对他们的成长并不利。而且父母给孩子制定的规划，往往都是从自己的好恶和期望出发，而不是考虑孩子的实际意愿。

今天，一个人只会读书显然无法生存。必须有独立自主的能力，充分发挥自己的能力，才能够在社会上立足。父母不能片面要求孩子只要学习好就万事大吉，毕竟他们终有一天要离开学校，走向社会。父母要有意识地锻炼孩子的自理和自立能力，这样即使有一天不能再照顾孩子，他们也能够健康成长。

如果父母喋喋不休地表达自己的期望，孩子只能被动地接受，被动地做事。事实上，孩子可能会陷入两种极端，一是孩子人云亦云地盲目做事，却没有真正的斗志；二是对什么都无所谓，父母期望孩子这样，可孩子偏要那样，结果与父母反其道而行之，形成“你越是要我这样，我越是要那样”的强烈逆反心理。

让孩子形成个人主见，让孩子知道自己想要什么，这样才能让他们在众人面前表达自己的观点，而不是跟在别人身后，只能唯唯诺诺地点头。

3. 有勇气，人生无所畏惧

丫丫的爸爸很早就因为车祸去世了，一直以来都是妈妈一个人照顾着她。妈妈并没有被突如其来的打击所击倒，而是坚强地完成工作任务，并照顾着丫丫的生活。丫丫妈妈并没有因为她没有爸爸，就在生活中溺爱她，反而一如既往地培养孩子勇敢、乐观、冷静的情绪。

小时候，丫丫就害怕打雷，觉得那一定是老天在惩罚大家。因此，遇到打雷的场景，她就躲在被窝里不敢出来。一个雷雨天，妈妈来到丫丫的房间，发现女儿正蜷缩在被子里，瑟瑟发抖。妈妈并没有跑过去抱住女儿，哄着她安静下来。相反，她扯开女儿的被子，将女儿拉到窗前，让孩子独自看着外面的电闪雷鸣。

刚开始，丫丫吓得大哭起来。渐渐地，她的情绪稳定下来。这时，妈妈问道："看着外面的一切，在这样的夜晚依然如旧，你觉得雷声还那么可怕吗？"女儿摇了摇头，也觉得不那么可怕了。接着，妈妈又仔细地给孩子讲解了闪电和打雷的原理，让孩子明白这只不过是一种普遍的自然现象。

后来，丫丫再也不害怕打雷了。不仅如此，她见到未知的事物，也不会像别的小朋友那样大哭大闹了，反而非常的镇定，会主动去思考背后的原因。有的时候，别的小朋友害怕了，她还会主动过去安慰她们。老师经常在班里面夸丫丫，说她是一个懂事勇敢的好姑娘。

孩子的很多性格品质都同父母有很大关系，一个优秀的孩子同父母后天的引导是分不开的。故事中，妈妈并没有因为丫丫害怕就去安慰她，反而教会她勇敢面对危险，冷静理智地解决事情。

很多父母认为，孩子的勇敢都是天生的，有些孩子天生就是胆子大，不知道害怕；而有些孩子天生就是胆子小，什么事情都怕。然而事实并非如此，勇敢是可以通过后天进行培养的，这同后天的训练分不开。比如，对于黏人的孩子，到了一定的年纪就让他独自去一个屋里睡觉，而不是一直都让他跟着父母睡。

孩子是否勇敢，和父母是否给孩子足够的空间有很大关系。有些父母把孩子照顾得十分到位，根本不让孩子离开自己的视线，什么事情都不让他们做。这种照顾让孩子无法面对未知的危险，当父母不在身边时，孩子就会表现得特别胆怯。有些小孩子见到陌生人来家里，就只会躲在父母的身后，不敢见人。一些父母会有意识地培养孩子的胆量，让他们主动在客人面前表演。

如果孩子胆子非常小，父母可以多给孩子讲一些关于勇气的故事，让他们通过故事感受到勇气的力量。小孩子会把童话故事里面的主人公当作自己的偶像，所以父母要发挥偶像力量的作用，鼓励孩子像这些童话人物学习，变得更加勇敢。

父母要给孩子直面其所害怕事物的机会，当孩子面对危险表现得十分镇定冷静时，父母要及时鼓励，给孩子以肯定，让他们明白这样做非常对。这样一来，当孩子在遇到同样的事情时，他还会表现得非常勇敢，不会被眼前的景象吓倒。

不要因为孩子害怕某些事物，父母就拿走这些事物，将孩子屏蔽在一个没有恐惧、危险的环境里。这样，孩子永远也战胜不了害怕的事物。只有让孩子勇敢地面对，他们才能彻底战胜一切令人恐惧的东西。

此外，父母还要多鼓励孩子交朋友，让他们多和小朋友一起游戏，这样孩子见得世面多了，就会更加了解这个世界，能够渐渐形成自己的世界观。当孩子对世界了解以后，就不会轻易地胆怯了。

最后，还要训练孩子能够独撑一面的勇气和智慧。比如，带孩子出游时，在安全的前提下，父母可以鼓励孩子去探索一下未知的地方，比如哪条路好走，哪个地方风的景更好，以此培养孩子勇敢面对未知的能力。

被父母溺爱的孩子永远都不能健康地成长。研究发现，往往有独立意识的孩子比没有独立意识的孩子更加勇敢，他们更加敢于尝试，面对未知的事情也表现得更加冷静，不会慌乱，也不会迷茫。因为有坚定的方向，他们做事更加果断，能够取得不错的成就。

父母永远都是孩子最好的老师，孩子会不自觉地模仿父母的所作所为。所以，父母要给孩子树立正确的榜样，在孩子面前表现得沉着冷静，不要轻易被困难吓倒。

4. 压力超过孩子的承受能力就是灾难

赵亮已经休学一年了，不知道是什么原因，只要一提上学，他就在家里又哭又闹，就是不去学校。有一次，父母逼得太急了，他还哭昏了过去。赵亮的父母又生气又着急，觉得孩子太不懂事了。

没有办法，他们只能咨询心理医生，把自己的烦恼告诉医生："一心为孩子着想，可是孩子就是不领情。"其间，他们一直对医生抱怨说赵亮太不懂事了。

医生听了赵亮父母的说法，觉得太过片面，又找到赵亮进行交流，才得知了事情真正的原因。原来，赵亮以前非常爱学习，性格开朗，成绩也很好。但是赵亮喜欢看电视，母亲却不让他看电视，有时候发现了，就会非常严厉地批评他，甚至还动手打他。但是赵亮非常喜欢看电视，他就在

母亲下班之前把电视关掉，坐在书桌前学习，这样母亲就不会知道自己偷看电视了。

有一次，母亲提早下班回家，发现了这件事情，非常生气，将赵亮狠狠打了一顿。事后，她认为赵亮有时间看电视，是因为学习任务太轻松了，所以就又给孩子买了大量的练习题。

从那以后，赵亮再也没有时间看电视了，每天都要学到很晚，才能完成学校和母亲布置的学习任务。渐渐地，赵亮开始害怕学习，一提学习就紧张。人也变了，不再像以前那样活泼了，整个人变得呆呆的，不爱说话，也不想和小朋友们一起玩，甚至说什么也不去上学了，有时候还拒绝吃饭。

赵亮的这种情绪，主要来自于父母所给的压力太大，超过了孩子的承受范围，但是粗心的父母并没有察觉到自己给孩子带来的伤害。孩子的心灵已经受到了伤害，他们反而更加严格地管教，对赵亮非打即骂。可是，不管父母用什么方法，赵亮就是铁了心地不去学校，甚至绝食。至此，父母这才意识到问题的严重性。

父母虽然知道这种情况很严重，但是他们并没有觉得自己做错了什么，而是一厢情愿地认为自己做的一切都是为了孩子，只是孩子不理解自己的一片苦心。

很多孩子都和赵亮一样，压力主要来自父母，但是父母的一片苦心最容易成为孩子肩膀上的千斤重担。家应当是让人休养生息的温馨场所，孩子在家的时候能够得到放松，可以让身心得到休息，这才是家最大的作用。

我们的一些孩子在很小的时候，就承担了过重的学业压力，每天在学

校都要进行高强度的学习。如果父母再在家里面给孩子过多的压力，那孩子即使在家也得不到快乐，是无法健康成长的，并不会变得优秀。

事实上，只有孩子的身体放松了，心才会自由，将来孩子才能够得到快乐。如果孩子不能得到放松，就只会认为学习是一件非常痛苦的事情，每一次的学习，对孩子来说都是一种折磨。

显然，父母教育孩子一定要讲究方式和方法，不要让孩子当一根绷紧的弦，要张弛有度。比如，当孩子经过一段时间的高强度学习之后，可以让孩子玩一会儿，或是看看电视，或者是进行一定的体育运动，这样劳逸结合才能够有一个好的状态。

父母要给孩子提供健康成长的环境，当孩子在家时，要能让孩子得到休息。周末和假期时，多带孩子出去走走，这样不仅能使孩子的身心得到放松，还能开拓孩子的视野，提高孩子的综合能力。学习永远都不是一个孩子的全部，不要过多的约束孩子的其他活动，只要没有超出青少年的活动界限，父母就不应该太过干预。

写给父母的话

父母要多关心孩子，善于观察孩子，及时发现孩子存在哪些问题，采取合理的方法帮助孩子调整。要注意多和孩子沟通，鼓励孩子说出心里话，让他一吐为快，从而减轻心理的压力。如果不顾孩子的自身实际，一味地强迫孩子做这做那，会使孩子的身体长期处于疲惫的状态。这只会让孩子感到压抑。

学习并不是孩子的唯一出路，大学也不是孩子成长路上的救命稻草，不要把父母的期盼强加到孩子身上，合理地引导孩子的人生观、价值观，不要盲目地给孩子过多的压力，让孩子健康成长才是最重要的。

5. 说谎的孩子都有一颗不安的心

这一天，老师把小伟的妈妈叫到了学校，因为小伟逃学，没有去上课。

回到家后，妈妈阴着脸问：“你告诉我，今天为什么没有去上学？把事情说清楚了，今天我不想揍你，老老实实地告诉我原因。”

今天，小伟逃学其实是去找表弟了。小伟在学校的时候，忽然有几位几位同学跑了过来，说他表弟被人打了，现在需要送去医院。小伟平时和表弟的感情非常好，听到这个消息心里非常着急，就逃学去看表弟了。

小伟知道自己逃学不对，但是他答应了表弟，不能把打架的事情告诉家里人，所以他不能言而无信。于是，面对妈妈的质问，小伟只能告诉自己：千万不能说。

“妈，我知道错了，以后绝不再逃学了。您原谅我一次吧！”小伟抬起头，哀求妈妈。

“我再说一次，你把事情说清楚。”妈妈依然很生气。

小伟夹在中间左右为难，只能恳求妈妈不要再问了，他说：“妈妈，我没有逃学去做坏事，请您相信我，我真的不能说。”

“不行，你痛痛快快地赶紧说，再犟下去，别怪妈妈不客气！你到底说不说？”妈妈大声吼道。

小伟被妈妈逼得实在是没有办法了，于是想到了撒谎的办法，他扭扭捏捏地说：“我……我有个朋友脚扭了……没办法……我只能逃课了……”

妈妈一看他说话吞吞吐吐的样子，就知道他在撒谎，严厉地说："哪个同学？为什么老师都不知道？"小伟没有办法回答，只能低下了头。

妈妈一看小伟撒谎，非常生气，狠狠地打了他一顿。

故事中小伟其实并不想让母亲生气，也不想撒谎。但是，他答应了表弟不说出去，母亲又一直不停地追问，最后只能选择撒谎了。

很多时候，小孩子选择撒谎都是被逼的。他们遇到进退两难的问题，没有办法，只能选择这种方式。如果父母能够多给孩子一点空间，允许孩子在不想说的时候保持沉默。等到孩子想说的时候，再让孩子把事情讲出来，同孩子好好地沟通，这样他们就不会觉得为难了，也不会陷入不得不说谎的境地。

生活中，父母总是把孩子当作自己的附属品，要求他们把所有事情都要事无巨细地汇报上来。其实，父母应该给孩子一些空间，如果有些事情孩子不愿意解释，就不要强迫他们说出来。因为让孩子说出不愿意讲的事情，他们很容易被逼上说谎的道路。久而久之，当孩子意识到说谎就能够解决问题时，这种习惯就养成了。

有的时候，小孩子选择说谎其实是为了逃避说实话的后果。因为他们知道自己做的这件事情是父母不愿意看到的，如果让父母知道了，可能免不了一通批评，那孩子就会选择撒谎。当孩子犯错时，父母不要采用极端的方法草草处理。这样不仅造成孩子心理的恐惧，也会严重伤害孩子的自尊心。最后，只能造成孩子不敢说实话。父母要多给孩子一些自己的隐私空间，让他们可以有自己的小秘密，这样双方才能多一些理解和互信。

著名哲学家罗素说过："孩子的不诚实几乎总是恐惧的结果。"所以孩子选择撒谎时，父母就需要反思一下，是不是给孩子的压力太大了。很

多父母教育孩子的方式简单、粗暴。只要孩子做错了，父母就会不分青红皂白地一顿打骂。殊不知，人的天性是趋利避害的，父母的这种粗暴的方式只会让孩子承担巨大的压力。

很多孩子犯了错，担心受到严厉的惩罚。因此，不说实话其实是一种逃避心理。人无完人，哪有不犯错的孩子，父母应摆正心态，理性地管教孩子，即使孩子犯了错，也要给孩子改正的机会。

有的父母觉得孩子小，什么事情都不懂，这恰恰会伤害孩子脆弱的心灵。与孩子沟通，务必要注意说话的方式。父母切记不要取笑、挖苦孩子，比如“你真笨”“丢不丢人”这类话最好不要对孩子说，应该多给孩子一些鼓励和肯定。

孩子小的时候，只是一张白纸，内心并没有是非曲直的评判标准。所以，父母要给孩子灌输“诚实守信”的思想原则，让他们从意识上明白：说谎是可耻的！父母最好的做法就是以身作则，在生活中用自己的实际行动去影响孩子，给孩子当品德上的标准。

孩子还小，任何缺点都是可以改正的。当父母意识到孩子在撒谎时，要明明白白地告诉孩子，谎言是靠不住的，终有一天会被揭穿，只有诚实才能赢得最终的胜利。

6．提早做好安全教育

周文上小学一年级的时候，有一天晚上突然停电了，当时爸爸妈妈都

不在身边，家里只剩下他和奶奶。以前也发生过这种情况，而且他知道爸爸都是打开保险盒，去接保险丝。于是，周文让奶奶打着手电筒，自己拿着保险丝、试电笔和钳子，开始换起保险丝来。

由于周文的个子比较矮，他就在凳子上放了一个小凳子，仰着头摆弄了半天，最后才大功告成。当屋子里的灯亮起来以后，周文兴奋得不得了，奶奶也在一旁夸奖他有本事。

后来，爸爸知道了这件事，对周文呵斥了一顿。周文并不服气，还和爸爸争执起来。于是，爸爸直接拿着电线，当着周文的面示范，把电源两极接在一起，只听“嘭”的一声，火花四溅，升起一股青烟，房间里再次陷入黑暗。

当时，周文被吓了一跳。经过爸爸进一步解释，他才明白电是很危险的，如果不懂安全知识绝对不能碰。现在想来，那晚的做法实在太危险了。这次经历在周文心里留下了很深的烙印，他不仅知道了电的危险性，还明白了生活中有许多不安全的地方，凡事要安全第一。

孩子遇到危险，只能用两个字来形容他们的境地——那就是“险恶”。如果孩子逃脱了危险，那么这次经历对他来说只能是虚惊一场；反之，就会让他们受到伤害，带来终生难以忘怀的记忆。

对父母来说，让孩子掌握趋利避害的本领是非常重要的。但是，许多父母爱孩子，又常常本能地阻止孩子接触各种可能伤害到他们的事物。比如，看见孩子拿小刀削铅笔，就怕孩子削着手，马上抢过来，替孩子削；看见孩子拿起刀练习切菜，也不放心，马上要替孩子代劳。

事实上，像削铅笔、切菜这类事情不会有太大危险，由父母代劳只会剥夺孩子自己体验危险的权利和机会，让孩子在面临更大的危险时变得不知所措。因此，父母不能担心孩子受到伤害就不让他们从事危险的活动。这样做，只能让自己的爱心害了孩子。与其一味地保护孩子，不如让他们学会识别危险、规避危险，这样才能真正地保护好他们。

让孩子在面对危险的时候免受伤害，父母就要提早对孩子进行安全教育，让他们学会保护自己的真本领。在孩子成长的年龄阶段，时刻提高自我保护意识非常重要，避免受到外界的威胁和伤害是他们的一种生存本能。

如果想让孩子多接触社会和大自然，就要提早对他们进行必要的安全教育，告诉他哪些东西会造成什么样的危害，要远离它们，还要学会应对意外情况。这样一来，孩子才能在增长见识的同时学会保护自己，安全度过每一天。

(1) 安全过马路。

孩子刚懂事的时候，父母就要教孩子外出要注意安全，每次拉着孩子过马路时，可以给他们编一些顺口溜："过马路两边看，红灯停绿灯行，斑马线上快速过。"

(2) 走散以后如何自救。

周末或节假日，父母经常带着孩子到外面散心，或者逛商场。在人多的地方，孩子与父母走散了，是一件急人的事情，如果遇到不法分子，就更危险了。所以，父母要事先告诉孩子：如果出现走失的情况，应该首先找警察叔叔求助，或者待在原地等家长来找。孩子能够在走失以后记住这一点，就能有效避免危险的发生。

(3) 学会安全用电、用火。

现代家庭都拥有很多电器，因此用电安全就成为一件大事。孩子动手能力强，更要注意对孩子进行安全用电的引导。

(4) 学会自我保护，做力所能及的事。

"见义勇为"是社会提倡的一种英雄文化，但是它并不适用于没有自我保护能力的孩子。如果孩子在"见义勇为"这一口号的宣传下，救助危

险中的遇难者，那就有失偏颇了。父母要让孩子懂得，遇到危险的时候要懂得保护自己，做力所能及的事。

作为孩子的监护人，不但要让他们学会识别客观存在的危险，还要让他们防范社会生活中各种潜在的危险。比如，许多孩子都有一个人独自在家的经历，如果陌生人来敲门，就要提高防范意识，不要给陌生人开门，学会保护自己。

7. 唤醒孩子心中沉睡的潜能

成成是一名初一的学生，和很多新生一样，他迫不及待地想要展现自己的才华。

开学没几天，学校里组织了一场体育委员的竞选活动。这项活动是班里的大事，报名的人数非常多，竞争异常激烈，需要经过初试和复试，然后还要经过公开的竞选，由老师和全班同学投票决定。

经过紧张又激烈的竞争环节后，成成走到了比赛的最后一个环节——公开竞选。这个环节需要选手自己准备演讲稿，然后在全班同学面前进行演讲。这下可难倒了成成，他平时非常的内向、腼腆，从来不擅长表达自己。

公开的演讲变成了成成的一块心病，但是他还是准备好了自己的演讲稿。这一天，他颤颤巍巍地走进了教室。望着眼前黑压压的一片人，成成

觉得自己已经站不住了，他的大脑变得一片空白，下意识地走到自己的座位上坐好，至于别的演讲者说了些什么他什么也没有记住。

这时，有人碰了一下成成：“成成，下一个就是你了！”这句话如晴天霹雳一样，吓得他六神无主。已经到了这个地步了，成成只好硬着头皮上了。走上讲台，成成拿起话筒，在心里默默地对自己说：“加油！你一定行！”只见成成瞬间就进入了状态，声音洪亮，举止大方地开始了自己的演讲……

最后，成成成功了。每次当他和同学谈起这件事情时，他都会说：“其实，我也是很紧张的，只是当时一下就进入了状态，好像自己心中某种能力一下子被唤醒了。演讲结束后，我的手一直还在抖呢。”

其实，成成最后的成功就是因为他唤醒了自己内心的潜力。这种潜力，让他超水平地发挥了自己的实力，帮助他赢得了最后的竞选。

从故事中可以看到，成成在极度紧张的前提下，一直在暗示自己一定可以。这种暗示激发了成成的本能，成功地唤起了内在的潜力，他对自己说道：“加油，你一定行！”这句话其实是在暗示他的大脑，自己可以做好这件事，他只要把自己的真实能力发挥出来就能够成功。所以，成成平时的潜力就发挥了出来，顺利竞选成了体育委员。

潜力是每个人自身的宝藏，藏在人的内心深处，但是很少有人能够将它开发出来。如果一个人能够发现自身的潜力，那这个世界上就没有什么事情是他不能做到的。

孩子教育是整个家庭的重中之重，但是现在很多父母都没有意识到究竟要教育孩子什么事情，究竟要培养孩子什么能力。很多父母只能把各种事情都安排给孩子，但是却没有一个明确的目的。父母教育孩子最重要的目的，就是唤醒孩子心中沉睡的潜能。

一个人在处于危险的环境时，往往都会做得比之前更好，这就证明人本身是有这种能力的，只是之前并没有意识到而已。所以不断地提醒自己，不断地压迫自己，才能够提升自我，让自己成为优秀的人。

作为父母，要想唤醒孩子的潜力，首先就要相信孩子具有这个潜力，引导孩子相信自己可以做到这件事情。潜力是非常神奇的，父母要充分相信孩子具有这样的能力，然后调动、唤醒孩子隐藏在内心深处的能力。

首先，父母要培养孩子的自信心，让孩子相信自己有这种能力。在生活中，可以对孩子说："你做得真好，真有这方面的天赋。"孩子被鼓励之后，就会认为自己是做这件事情的天才，会对这件事情有更大的兴趣。

当然，培养孩子潜力的过程并不是一朝一夕的，这需要一个长时间的积累。父母一定要对孩子保持耐心，对孩子进行反复的暗示，只有反复进行暗示，孩子的身体才会听得见，才会引起关注，最终能够唤醒孩子内心沉睡的潜力。

写给父母的话

建议父母每天清晨都给孩子进行暗示，比如可以对他们说："宝贝，你是最优秀的，真的，一定要相信妈妈说的话！"切记，一定要在清晨，这时孩子的意识处于模糊的状态，是对孩子进行暗示的最佳时机。

最重要的是，父母要给孩子一些机会，不仅要鼓励孩子相信自己的潜力，还要给他们机会，让他们能够在生活中锻炼自己，合理地发挥自己的能力。如果只是鼓励孩子，却不给孩子锻炼的机会，孩子只能有短时间的进步；长久之后，他们还是不会相信自己的潜力。只有多锻炼，孩子才会相信自己具有这种潜力，才能够不断地成长。

第10章　抱怨情绪：让积极成为孩子性格的一部分

喜欢抱怨的孩子永远长不大，也不会理性寻找自我提升的方法。让孩子成为一个积极乐观的人，首先要引导他们自省，学会感恩，用行动、勇气实现心中的梦想，达成内心的愿望。

1．及时兑现给孩子的承诺

马上到六一儿童节了，小雨想让爸爸给自己买一套画笔，作为节日礼物。当然，还有一个更重要的原因是，上个月他在学校绘画比赛中得了第一名，爸爸承诺奖励一下。

晚上，小雨把买画笔的事告诉了爸爸。爸爸拍着胸脯说："儿子，你就放心吧。我一定给你买一套最好的画笔。将来把你培养成举世著名的画家。"听了爸爸的许诺，小雨脸上乐开了花。

儿童节的那天中午，爸爸没回来。妈妈告诉小雨，爸爸工作忙。于是，他把希望寄托在了晚上。好不容易等到了天黑，却一直不见爸爸的影子。小雨有点急了，让妈妈催爸爸早点回来。后来，妈妈说："爸爸在公司开会呢，晚上不能回来吃饭了。"

这时候，小雨的心凉了半截。但是，他还是希望爸爸惦记着给自己买画笔的事，于是充满期待地等待着。到了晚上10点半，爸爸才回到家。小雨跑过去，抱着爸爸说："快给我节日礼物！"

"什么节日礼物？哦，今天是六一儿童节，明天给你买。"显然，爸爸早已把承诺忘得一干二净。小雨有些急了，哭着喊起来："你答应给我买画笔了。你怎么能不守信用呢？"

直到这时，爸爸才恍然大悟。他拍着脑袋说："哎呀，我怎么把这事给忘记了。最近太忙了，今天开了一天的会，实在不记得了。"说完，爸爸抱起小雨，郑重地说："儿子，爸爸明天就给你买，好不好？"

"不好！"小雨生气地挣脱爸爸，然后头也不回地跑到自己的房间。那个晚上，小雨哭了好长时间，直到很晚才迷迷糊糊地睡着了。

生活中，有的父母常常为了诱导孩子做一件事，就轻易许诺，而事后就忘记了。孩子的希望落空了，就会认为父母在欺骗自己，在向自己撒谎。对孩子的许诺没有实现，他们自然会有受骗的感觉。

法国文豪巴尔扎克说："遵守诺言就像保卫你的荣誉一样。"信任是人与人之间沟通、交往的基础，没有彼此的信任，任何事情都无法开展。在家庭教育中，父母只有赢得孩子的信任，才能实现和孩子的配合。

比如，当孩子不吃饭、不洗脸或对人没礼貌时，有些家长会对孩子说要去学校告诉老师，结果孩子大多会被制伏。但是，假如父母没有把这件事告诉老师，那么一两次以后，这招儿就失灵了，原因是孩子知道父母在

撒谎。

父母向孩子许诺，实际上是把孩子当作独立的个体来看待，给予孩子应有的尊重。如果父母不信守自己的诺言，这种行为本身就是对孩子最大的侮辱。因为在孩子看来，自己在父母心目中的地位是无足轻重的，是可有可无的。在这种失落、不被重视的情绪支配下，孩子就容易与父母产生心理上的隔阂，会渐渐疏远父母。

（1）答应孩子的事一定要做到。

许多父母因为工作忙、客观条件限制，往往答应孩子以后却没有把事情办好，没有向孩子兑现自己的承诺。在此，父母要谨记一点：平时答应孩子的事情，就一定要想尽办法做到，哪怕再苦、再累、再难。有的父母总是要求孩子说到做到，这里有一个重要前提，那就是父母要说话算数。

（2）采取补救措施，兑现承诺。

父母出于各种原因没有实现自己的诺言，在所难免。发现自己的失误以后，父母要及时采取补救措施，从而挽回信誉，重新赢得孩子的信任。总之，如果家长说到做到，不失信，孩子给父母的信任将更多。

（3）答应孩子的事没做到，要耐心解释。

答应孩子的事没做到，父母要耐心地进行解释，否则就是对孩子的不尊重，是对孩子莫大的伤害。答应孩子的事，经过再三努力仍没有做到，应诚恳地说明原因，表示歉意。这样不但能让孩子获得被尊重的感觉，还能获得孩子的谅解。

（4）别随便向孩子许诺。

因此，父母不要随便向孩子许诺。许多父母之所以习惯向孩子轻易许诺，是因为他们需要“暂时”开出某个条件，让孩子妥协，方便自己约束孩子；然而，“说者无心，听者有意”，孩子是最信任父母的，父母随口许诺，孩子往往记在心上。如果不兑现，孩子就会有充分理由，认为你是言而无信，是撒谎骗人。试想一下，哪个孩子喜欢言而无信的父母呢?

在家庭教育中，父母承担着施教者的重要责任，赢得孩子的信任是前提和基础。如果父母经常随便向孩子许诺而不兑现，经常哄骗孩子，那么就会出现父母失信于孩子的情况，以后对孩子进行家庭教育就会困难重重。

2. 保持克制心是健康成长的关键

这一天，爸爸带着4岁的儿子学溜冰。在旱冰场里，前来溜冰的孩子很多，儿子被其他孩子优美的溜冰动作吸引住了，羡慕不已。只见这些孩子们能够随心所欲地转向，偶尔还要做几个漂亮的动作，儿子看得心里发痒，就跟着学了起来。

结果，儿子每次想做一个稍微复杂的动作时，都会摔倒在地。爸爸看到这种情形，急忙走过去："孩子，慢慢来，爸爸教你。"但是，儿子太想立刻学会了，最后恼羞成怒，干脆坐在地上，把旱冰鞋脱下来扔到一边，号啕大哭。

遇到了挫折，孩子心情不爽是可以理解的，但是因此恼羞成怒显然没有必要。做任何事情都有一个过程，需要循序渐进。因为不能立刻学会滑旱冰就撒泼耍赖，长此以往，孩子不懂得克制自己的非分之想，只能丧失

前进的机会，甚至与人发生冲突，在成长的道路上栽大跟头。

除了智力发展之外，有的学龄儿童比其他人更容易感染紧张、心生抱怨，不懂得克制不良情绪。在紧张持续的过程中，他们更容易变得沮丧。无论这种性质是否像一些神经科医生说的那样，和他们的神经系统的敏感性有关，但从本质上来说它是生来就有的，而不是和环境有关的。

无论是在极度贫困和充满着谩骂的环境中，还是在非常富裕和充满着爱的家庭环境中，对于年龄在6岁到14岁的孩子来说，因为遭受挫折而心生抱怨都是一种常见现象。对父母来说，帮助孩子学会克制不良情绪，不让抱怨充斥内心，是获得积极体验、走上成功的关键。显然，如果孩子不懂得克制怨愤，我行我素，很难把事情办好。

随着孩子年龄越来越大，他们希望早日长大成人、走向独立的愿望就越来越迫切。这时候，父母仍旧把他们当作孩子对待，以自己的方式安抚他们，往往事与愿违，甚至引起孩子的厌烦，产生抵触情绪和家庭矛盾。

这时候，父母就要培养孩子的自控能力，让他们学会理性思考，能够自己控制自己。帮助孩子学会压制胸中的不良情绪，做起来并不容易，但是父母只要付出努力，就一定能够收到丰厚的回报，使孩子早日走向成熟。

在生活中，每个人都会遇到伤心事，我们没有办法控制别人的行为，但却能控制自己的行为。孩子常为小事情动感情，当你看见孩子又坐着发呆，或做什么事都提不起精神来，就要和他聊聊，或许他正处在情感的低谷。

从孩子成长的角度看，迈向心理成熟是关键的一步。只有在内在精神满足的平衡下，一个人才能发挥出最大的最持久的潜力。因此，帮助孩子保持克制，掌控个人情绪，让他们掌握做事应有的规则，比什么都重要。

对成长中的孩子来说，能够积极主动认识周围的世界，学会控制自己的情绪，融合在同龄人的群体之中，显得比任何外在的帮助力量都更加重要。许多父母习惯高高在上，对孩子发号施令，这种做法是不科学的，也是不理性的。放弃那种全面控制孩子的念头，并且帮助孩子掌握自控能力，才能让他们拥有属于自己的人生。

（1）明白孩子情绪为何恶化。

父母一旦认识到孩子为何产生不良情绪，就能帮助他们控制情绪，找到解决问题的方法。一般来说，这些因素主要有性格特征、年龄问题以及外界环境的变化。以性格特征为例，儿科医师斯坦利·I. 格林斯在他所著的《喜欢挑战的孩子》一书中，把所有的孩子划分为五个类型：十分敏感型、自我专注型、目空一切型、漫不经心型、活跃进取型。不同类型的孩子会对外界产生不同的反应，所以父母要了解孩子，才能明白他们情绪变动的原因。

（2）家长要避免发牢骚，也不要在孩子面前发火。

对家长来说，最为重要的是不要在孩子面前随意发火，这种做法不但会吓着孩子，也会让他们对父母关闭心灵的大门。无论孩子多大，父母都不应该发脾气，这样才能让孩子克制自己的情绪，一旦孩子产生对抗情绪，后果将不可收拾。在家庭教育中，父母是教育者，所以首先要做到自己不乱发脾气，才能使问题得到合理解决。

经验表明，孩子在生活中经常会遇到麻烦和不顺心的事情。问题是，父母要让孩子认识到，当他将要失去控制时，需要自我镇静一下，找出真正让自己苦恼的原因所在，然后采取适当的行动。帮助孩子真正学会控制情绪的方法，才能让孩子学会理性思考，真正走向成熟，不断进步。

3. 孩子接受不完美，才能创造完美

马可在妈妈面前是一个懂事听话、有孝心的孩子，他性格活泼开朗，喜欢和同学交朋友，在学校经常参加才艺比赛，同学和老师都很喜欢他。但是，马可学习成绩很一般，妈妈认为这是因为他学习没有计划性。马可的妈妈是一位下岗职工，工作不稳定，还时常熬夜，但她从没在儿子面前表露过生活所带来的压力。虽然工作很艰辛，一直以来她都在极力帮助儿子养成做事有计划的好习惯，但是孩子的成绩却没有起色。

有一次，马可的妈妈被老师请到了学校去。原来，马可在学校利用班干部的身份向同学们兜售铅笔、旧的书刊，老师得知后就要见马可的父母。妈妈感到非常羞愧和愤怒，严厉地批评了儿子。

妈妈认为，马可并没有理解自己的一番苦心，反而不好好学习，在学校给她丢人。她觉得孩子现在最重要的是养成良好的学习习惯，如果孩子现在不养成学习的自觉性，成绩一定会直线下降，甚至还会影响孩子的品格。但是，马可并不理解妈妈，反而对妈妈的安排有很强的抵触情绪，成绩也越来越糟。

妈妈一厢情愿地为马可做了很多事情，但是她从没想过马可是否愿意接受。实际上，马可理解母亲的难处，知道母亲的工作非常不容易——每天上班已经很辛苦了，回来还要抽出时间陪自己学习，因此，他想从物质

上替母亲减轻负担。

生活中，父母给孩子安排的很多事情，其实都只是父母的一厢情愿，并不是孩子真正想要的。随着孩子年龄的增长，明白了自己想要什么之后，就会和父母产生冲突。马可并不是不听父母的话，不理解父母安排的坏孩子，他的叛逆只是随着年龄增长、人生阅历积累到一定程度后，有了自己想法的真实选择。但是母亲不理解，加上对他行为上的限制，才造成了他的不听话。

每一个父母心中都给孩子制定了一个完美的“模板”，如果孩子同这个“模板”有差距，父母就会认为孩子是不完美的。父母应该接受孩子的不完美，树立教育孩子的信心。金无足赤，人无完人，这个世界上不存在真正的完美。父母要做的就是不断挖掘孩子的潜能，帮助孩子弥补不足。

父母有些时候总会过度在意孩子的一些缺点。故事中的马可懂事、乖巧，内心非常心疼母亲，设身处地地为母亲着想，其实这些都是孩子身上非常明显的优点。但是，马可的母亲并没有关注这些，而是一直在意孩子学习不好的事情，长此以往，会让孩子觉得自己一无是处，不仅不能改正自己的缺点，还会影响孩子自身的优点。

事实上，父母接受了孩子身上的不完美，孩子才能够正视自己的不足。如果总把这些不足放在嘴边，孩子就会被压得抬不起头来，对这些缺点产生恐惧的心理。

父母在潜意识中总会有着一种特殊的“望子成龙、望女成凤”情结，他们对孩子有一种“超值期待”。长此以往，这种期待就会变成孩子身上的沉重压力，让孩子觉得自己一无是处，严重影响孩子的健康成长。

有些时候，父母会在孩子面前把自己包装得非常完美，以为孩子看不到这些缺点，实际上这些缺点孩子都看在眼中。对孩子承认自己的不完美——软弱、怯懦和痛苦，对孩子是有益的，可以使得孩子养成包容、体贴的好品质。

如果父母犯了错误，一定要勇敢地向孩子承认自己做错了。很多父母认为不能在孩子面前承认自己有错，这其实是一种逃避心理。做错了事，就应该承认，还可借此向孩子表示，每个人都有做错的时候，改过即好。

很多父母把孩子的失败当作洪水猛兽，希望孩子做任何事情都能够成功，做什么事情都是最优秀的，这无形中就给孩子带来了很多压力，甚至会给孩子很多负面的情绪，比如：绝望、痛苦、沮丧、厌学、弃世等等。

在孩子成长的过程中，失败并不是一件坏事情。从失败的过程中，教孩子进行独立思考，找到自己的价值观，创造具有灵活性和创造性的大脑。每个孩子都是独一无二的，他们所喜欢的、所感兴趣的东西也不尽相同。让孩子在兴趣这个“老师”的引领下，做自己喜欢的事情，从而培养出孩子的良好性情和健康情绪。

4. 培养孩子自省的好习惯

爸爸很早就教育李东，要懂得反思自己。刚上小学的时候，李东就被

要求培养自省的习惯。为此，爸爸专门准备了一个自省本，每天都让李东记录令自己后悔的事情，然后及时去想办法弥补。

李东小的时候，非常喜欢贪一些小便宜。爸爸发现了他这个缺点后，就让他把每一次贪小便宜的事情都记录到自省本上。

一次，李东和另一个家庭条件也不太好的同学约定好，每天放学后就在校门口集合，一起去不远处的垃圾场捡废品，以此来缓解父母的压力。经过了一个月的努力，两个孩子捡了好多的废纸。

两个孩子决定第二天把积攒的废品都卖掉。但是到了第二天，李东的同学生病了，他只好独自到收购站去找人来拉废品。经过和工作人员的一番讨价还价，这些废纸总共卖了287块钱。李东从来没有拿过这么多钱，也没有想到自己能赚这么多钱。但是，他一想到要把这些钱分一半给同学，就有些舍不得，心情立刻变得非常沮丧。

晚上到家以后，李东把自己关在房间里。一晚上他翻来覆去睡不着，最终李东决定只给同学100块钱。

次日，李东去了学校。他不安地把那100块钱递给了同学，同学笑着说："太好了，卖了这么多钱呀！这下我可以给妈妈买药了。"听到同学这么说，李东感觉自己的心瞬间被刺痛了，赶忙回到自己座位坐了下来。

这件事情让李东的内心饱受折磨，他觉得自己虽然占了钱上的便宜，但是心里反而非常的难受。一连几天，他都不敢打开自己的自省本，更不敢把这件事情写上去。

想起同学顶着烈日在臭气熏天的垃圾堆里捡废品的身影，他就觉得对不起同学。最后，他决定把这件事情记录下来，然后把钱还给同学。

李东最终悬崖勒马，选择将钱还给同学，改正了自己的错误。这就

是自省的力量，这个力量帮助李东及时发现自己的错误，并选择了最正确的改正方法。当然，在整件事情中，爸爸给李东准备的那个自省本功不可没，它始终在李东的心中发挥着鞭策、警醒的作用。

无论何时何地，任何年龄，自省都是推动一个人不断前进的重要力量。爸爸在李东很小的时候就开始培养孩子自省的习惯，最终孩子做出了正确的选择。因此，父母一定要培养孩子自省的习惯，让他们养成自律的品性。

曾子说过："吾日三省吾身。"父母要教会孩子每天都要反省自己，看看自己有没有做错的事情。如果有，就要教导孩子及时改正这些错误，做到下次不再犯错。

小孩子的自律性终究比成年人差，父母要做好指导和监督的作用。刚开始的时候，父母可以根据孩子的实际情况为孩子量身制订一个自省计划。让孩子按照这个自省计划来做事情，父母每天对孩子进行监督。等到孩子成长到一定年龄后，就可以让孩子自己制订自省的标准了，父母也可以放松对孩子的监督，让孩子做到自律。

孩子小时候没有是非判断标准，父母的一言一行就是他们做事的标准。所以，为了更好地引导孩子自省，父母可以和孩子一起反思自我，告诉孩子一些自己认为做得不好的事情，或是听一听孩子自省的结果。这样父母和孩子一起自省，才能够发挥榜样的作用，帮助孩子健康成长。

当孩子通过自省发现了自身的一些不足时，父母不要批评孩子，相反，要引导孩子及时改正。如果孩子通过自省及时改正，并且还取得了进步，父母一定要表扬孩子。这样更能调动孩子进行自省的积极性，帮助孩子养成好的习惯。

任何事情都需要一个过程，刚开始的时候，孩子是不会习惯这种自省的行为的。所以父母可以帮助孩子从最基础的反问法做起，比如让孩子每天问一问自己："今天有没有进步？""有哪些进步？""哪些地方没有取得进步？""是什么原因导致自己没能进步？"如此一来，孩子就找到了问题的关键。

自省能让人更加深刻地、清楚地意识到自身的不足。经常自省，能时刻敲响警钟，更有利于孩子的健康成长。

5. 让感恩之情充盈孩子的心灵

丽丽一直都是一个听话懂事的好孩子，学习成绩好，人也很乖巧。父母对丽丽的教育一直都很上心，把她送到全市最好的中学读书。刚开始的时候，丽丽的成绩一直都在班级前列，但是过了一段时间，她的成绩就开始下滑。因为成绩的事情，爸爸和她谈了很多次，但是都没有取得效果。

这一天，老师把电话打到家里："丽丽在学校不好好听课，经常和同学打架，上课还顶撞老师……"爸爸气坏了，动手打了丽丽一顿。自那以后，丽丽更加不听话了。有时候，她经常指责爸爸："你凭啥管我，你自己都不如别人的爸爸。别的同学都坐宝马，我为什么就只能坐那么破的车啊？"爸爸听了丽丽说的话，非常伤心，一时间不知道该说些什么。

其实，丽丽的家庭条件还是可以的，从小都没有让她为吃穿发过愁，还经常会给她买些新衣服，但是丽丽却并不知足。这是因为，学校的同学之间经常会互相攀比，有一次一个家庭条件好的同学对丽丽说："成绩好有什么用，不如有个好爸爸，即使我现在不上学了，一样比你过得好。开那么破的车子，你爸爸也真有本事。"

丽丽听了觉得非常羞愧，顿时无地自容。从那以后，她就开始厌学了，觉得学习成绩好也没有用，还不如有一个好爸爸，自此，丽丽开始嫌弃自己的爸爸。

爸爸知道后，觉得自己对丽丽的教育出了问题，只注意培养孩子的学习成绩，却忽视了对孩子人格的培养，尤其是忽视了培养孩子要有一颗感恩之心。

丽丽出现这种行为，最主要的原因是父母没有教会孩子感恩，只关注了孩子的学习成绩。但是如果一个孩子连最起码的感恩之心都没有，何谈成才呢？不知道感恩会引发诸多的不良情绪，如攀比、自私、抱怨等，严重影响孩子的身心健康。

孩子从小过得太顺了，就会觉得自己所拥有的一切都是理所应当的。父母一味的顺从和溺爱，只会让孩子在遭受困难、耻笑、批评时，以一颗怨恨的心来面对，这样的孩子，即使成长起来，他的人生也将充满黑暗、痛苦、抱怨、消极。没有半点感恩之心，孩子的人生不会有光明。

古语有云："身体发肤受之父母。"其实这里就有一个很深的思想在里面，就是感恩。要教育孩子感恩，最重要的就是让孩子感恩父母，让孩子理解父母的无私付出。如果孩子不能够理解父母为自己的付出，那就更不要说他能够拥有一颗感恩的心了。

现在的很多小孩子，明明家庭环境已经很好了，但是却仍然不知道感

恩，每天这也想要，那也想要，觉得自己什么东西都没有。这就是因为父母并没有教会孩子们感恩，孩子们大多都是独生子女，成长的过程中备受溺爱，几乎是想要什么，父母就给什么。正是在这种优越的物质环境下，孩子们渐渐忘记了感恩。

父母每天对孩子照顾得无微不至，但是恰恰忽略了培养孩子有一颗感恩的心。只有拥有一颗感恩的心，孩子才能自强、自立、自尊，才能有良好的情绪和心理，才能更好地成长、成才。

父母要从小培养孩子感恩的心。比如在孩子很小的时候，每天早晨醒来后对孩子说："我太幸福了，因为有你，我的宝贝！"孩子如果每天听着父母的感恩，那她也会懂得父母的一番心意，渐渐地就知道如何去感激别人了。

要想学会感恩，最重要的是学会铭记别人的给予。父母可以让孩子每天把一些值得感恩的事写下来。然后，给那些曾经帮助过自己的人，寄一张小小的卡片，来表达我们的谢意。如果孩子说跟哪个朋友非常亲密，或者是喜欢哪个同学，那就要教会孩子珍惜身边的朋友、亲人，将自己内心对他们的喜爱表达出来，告诉他们自己的心意。

写给父母的话

一个懂得感恩的人，一定是乐于助人的。父母要引导孩子帮助那些需要帮助的人，教育孩子将自己的快乐传播出去。如果你能够让别人在悲伤时快乐起来。那么，当你悲伤时，别人也会抽出时间来安慰你，这些小小的细节都能培养孩子一颗感恩的心。

想要懂得感恩，还要有一颗宽容的心。在与人相处的过程中，肯定会有意见相左的时候。遭受反驳时，要教会孩子学会理解和包容，因为没有他们，你的思考不会更加深入。只有这样，才能海纳百川，更加博学。

第11章　害羞情绪：勇敢表达内心的想法更快乐

面对未知的世界，面对陌生的人，孩子不敢突破自我，不敢表达自我，因此失去许多成长的机会。睿智的父母懂得帮孩子克服自卑的心理，通过勇敢的行动超越自我。

1．帮孩子远离自卑的陷阱

畅畅平时是一个非常沉默寡言的小男孩，他不敢主动跟人打招呼，同人说话时也不敢和人进行眼神对视。大家进行集体活动，畅畅从来不敢参加。

一次在学校上课的时候，老师点名叫畅畅起来回答问题。畅畅起来后，支支吾吾，半天一句话都说不出来。老师等得非常不耐烦，就问："你到底会不会，不会就说不知道！"畅畅看老师不耐烦，以为老师生气了，就说道："不知道。"

其实，畅畅是知道这道题应该怎么解答的，但是他没有勇气把心中的想法说出来，总担心自己想得不对，怕被同学们笑话。从那以后，畅畅上课更加害怕回答问题了，老师一说找人回答问题，畅畅就赶紧低下头，不敢直视老师。老师看到畅畅的表现后，也不会主动叫他回答问题，结果学习成绩出现了下降。

爸爸看到畅畅的成绩单后，知道畅畅在学习上出了问题，但是无论怎么问畅畅原因，孩子只是低着头，也不说话。没有办法，爸爸只能到学校去询问老师，从老师那里得知了孩子的情况。

爸爸得知畅畅自卑后，想到了一个方法。每次畅畅写完作业后，先让他给爸爸讲题，如果讲得正确就及时鼓励畅畅，然后让畅畅在学校给同学们讲；如果他讲得有错误，就及时给他纠正，告诉他正确的方法。就这样，每次上课前，畅畅都知道了怎样讲解自己的问题。老师再提问时，畅畅就能主动要求回答问题。

自卑情绪最初源于孩子的胆怯，小孩子因为年纪小，对自己没有自信，所以心中有答案也不敢表达出来。如果在这个阶段，老师在学校否定他，不给予孩子肯定的答案，那孩子就会陷入自卑的怪圈，觉得自己的想法都是错误的。

自卑的最初表现是孩子在说话时支支吾吾，说话没有重点；同人交谈时不敢直视对方眼睛，当别人盯着他看时，会表现得非常紧张。如果父母发现孩子有这样的情况，就要注意了，应及时采取方法帮助孩子树立自信，远离自卑的陷阱。

很多父母会把孩子的自卑，归因于孩子年纪小，容易害羞。所以当孩子出现这种情况后，也不会放在心上，觉得只要孩子大了，自然就会好转。但是，这种情况并不会因为年龄的增长而好转，很多孩子小时候自卑，长大后依然自卑，甚至还会影响了今后的工作、交友等日常生活。

想要克服自卑，最重要的就是把整个人变得自信起来。自信是可以通过后天的努力确立的，一些父母觉得自己的孩子生来就不自信，但是却对此不管不顾，这种做法并不可取。帮助孩子确立自信心，首先要对他进行鼓励，当孩子在生活中，做了正确的事情，父母要表达肯定，让孩子知道自己非常认可他。

帮助孩子远离自卑的陷阱，首先不要让孩子感受到自卑的情绪。自卑来源于胆怯，小孩子会对自己未知的事物表现出胆怯，所以父母应该多给孩子介绍生活中常见的事物，让孩子了解自己的生活，有一定的生活常识。当孩子有一定的认知水平后，父母就应该引导孩子主动地去发现生活中的新奇事物，让孩子自己动手，自己观察。研究发现，动手能力强，有主动性的孩子，往往表现得更加自信。

其次，父母要给孩子表达自己的机会。很多父母只是让孩子当自己的应声虫，自己说什么，就让孩子做什么，完全不在乎孩子的想法。有些孩子会对父母说的话提出不同的看法，父母为了维护自己的权威，就会说孩子的想法是错误的。事实上，这种行为会对孩子的信心造成极大的伤害，孩子会觉得自己说什么都是错的，就不敢表达自己的观点，只会成为跟在父母后面的“木偶”。

写给父母的话

让孩子远离自卑，最重要的就是及时鼓励孩子，让孩子有自信心。当孩子做了正确的事情时，父母要表扬孩子，鼓励孩子坚持下去；如果孩子因为做了错误的事情感到沮丧，父母要引导孩子发现错误。比如，可以用一些名人的故事启发孩子，告诉孩子每个人都会犯错，即使名人也可能犯错误，犯错误之后及时改正自己的错误就好，这样孩子就不会惧怕自己的错误，更加不会因为犯错误而自卑。

2. 鼓励孩子积极表达自己的观点

姗姗在生活中是一个非常开朗和健谈的孩子，不管见到什么人都能聊上几句，即使是老人，她也能和人家聊得不亦乐乎。朋友们也愿意同她交流，有什么烦心的事经姗姗一开导，当事人立即就感觉心里敞亮了。因此周围的人都喜欢她，亲切地称她为“开心果”。

但是以前的姗姗并不是这样的，以前的她性格内向，不喜欢说话，每次同别人交流的时候都会害羞地低下了头。妈妈将姗姗的表现看在眼里，觉得这样的性格非常不利于孩子的发展，于是在平时就刻意训练她表达自己的思想和看法。

生活中，妈妈会主动征求姗姗的看法。比如，逛街买衣服时妈妈就会问：“姗姗，你觉得妈妈穿这件漂亮还是那件漂亮？”姗姗会仔细考虑，经过一番比较后，告诉妈妈：“红色的这件吧，我觉得您穿这件显得年轻了。”

妈妈听到姗姗的建议后，通常会说：“这样呀，还真像你说的，这件衣服的确衬托人年轻了，姗姗真有眼光！”妈妈先表扬一下姗姗，让孩子知道自己说的话得到了积极评价。接着，妈妈还会穿上一件明显不如刚才那件漂亮的衣服，要姗姗再次评价，以加强孩子对自己的认可和信任。

生活中的每一件小事，妈妈都会耐心地询问姗姗的意见。就这样，通过日积月累的锻炼，姗姗变得越来越有自信了，能够自由地表达自己的意见和思想。性格也变得越来越开朗，情绪也变得越来越稳定、平和。

身边的朋友都觉察到了姗姗的变化，觉得非常奇怪，不明白姗姗为什么会有这么大的改变。但是姗姗自己心里面非常清楚，这一切都要感谢妈妈，是她在生活中有意识地培养自己，才使她从一个不愿说话的小姑娘，变成了开朗大方的“开心果”。

姗姗有一位非常伟大的母亲，她会根据孩子的缺点在生活中有意识地帮孩子改进。母亲察觉到孩子不爱说话后，采取了积极有效的教育方式，引导孩子走出了情绪的误区。姗姗在母亲的引导下，形成了良好的情绪管理习惯，健康、快乐地成长起来。

很多父母都对孩子有一个误区，觉得孩子还小，什么事情都不懂。其实并不是这样，小孩子也是有自己的思想的，也许孩子在不经意间就会变成一个有独立思想的人。所以父母从小就要及时倾听孩子的声音，了解孩子心里真实的想法。在倾听孩子的想法后，要及时反馈给你的孩子，如果孩子说的有道理，就要及时肯定；如果觉得孩子说的不对，也要及时把自己的想法告诉他，对孩子进行引导和纠正。这样孩子才能拥有健康、乐观的心态。

孩子还小的时候，父母可以像姗姗的妈妈这样，多让孩子参与生活中的小事，让孩子表达出自己的观点，这样孩子从小就会拥有表达自己想法的能力，这种能力会在他成长的过程中相伴一生。

其实，孩子的内心世界是丰富多彩的，他们会从自己的角度来看待这个世界，表达自己的看法和见解。孩子虽小，但是也有自己的人格尊严，他们有阐述内心感想的权利和自由。

孩子向父母诉说时，不管表达得是否明白、清晰，父母都要耐心听孩子说完，尤其是在孩子发表观点和看法时，一定要耐心倾听，给孩子提供

表达感想的空间。当父母不用心倾听时，孩子的心灵就会受到伤害，会产生不良的情绪。

有些父母在孩子还没有表达完自己的观点之前，就习惯随意地打断孩子，这是不对的。即使孩子表达得想法不正确，父母不认可，也要让孩子把话讲清楚，帮助孩子纠正和表达自己的想法。要知道孩子也有自尊心，当父母耐心地听孩子说话时，孩子会觉得自己被重视了，他会更加愿意与父母沟通。从而，有助于父母及时掌控孩子的情绪发展。

当孩子与父母沟通时，父母一定不可以表现出一副心不在焉的样子，要表现得自己非常感兴趣，全神贯注地倾听。这样孩子就会觉得自己受到了鼓励，愿意及时地将自己的想法告诉父母。

语言是心灵沟通的桥梁，如果父母和孩子之间没有语言的交汇，那就更不会有心灵的沟通了。父母和孩子的思维方式本就不同，所以更需要交流沟通来表达彼此之间的观点，在深入了解孩子的心理状况后，有效地启发孩子表达自己的观点。

3．尝试着蹲下身子跟孩子说话

有一天，妈妈像往常一样，辅导壮壮写家庭作业。妈妈很认真地给壮壮讲解每一道题，但是孩子却心不在焉，表现得不耐烦。妈妈看到儿子状态不好，非常生气，觉得孩子太不懂事了，自己每天辛苦的工作，回家还

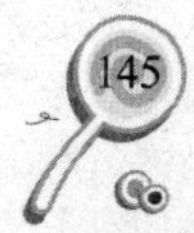

要帮助孩子补习功课，但是孩子却不领情……

妈妈的怒气一下子就上来了，把书本一推，气呼呼地离开了壮壮的房间。壮壮也知道自己做得不好，默默地躲在房间里。

妈妈回到房间后，过了一会儿怒气平息下去了，觉得自己可能没有顾虑到孩子的情绪。又推开壮壮的房门，看到孩子正在低着头哭泣。妈妈走过去，抱住了孩子，说道："壮壮是不是很伤心？妈妈态度不好，让壮壮受委屈了。可以原谅妈妈吗？"

壮壮听到妈妈的道歉，难以置信地抬起了头，扑到妈妈的怀里说："妈妈，是我不好，下次我一定认真听。"果然，以后妈妈再给壮壮辅导功课时，他都很认真地听着。有时候，他还会告诉妈妈说："妈妈，这道题让我自己好好想想，我想靠自己把它做出来。"

经过这件事后，壮壮和妈妈的关系变得越来越亲密。妈妈也不会再像以前那样高高在上地对孩子说话了，每当双方产生分歧时，妈妈都会放下架子，用一种商量的语气和孩子协商。在这种平等的关系中，壮壮和妈妈无话不谈。

渐渐地，壮壮愿意和妈妈分享一些自己的小秘密。不管这些小秘密是多么出乎意料，她也不会斥责孩子，而是站在孩子的立场上，像朋友一样提出自己的意见和看法。往往这些意见和看法，壮壮都会接纳。就这样，壮壮在妈妈的引导下，健康地成长着。

壮壮妈妈最初是想通过打骂孩子来解决问题，但是经过理智的思考，她最终还是放弃了这种简单粗暴的教育方式，选择蹲下身子，站在孩子的角度，和孩子一同商量，解决问题。她选择以朋友的身份，来支持孩子、教育孩子。

很多父母嘴上说着要和孩子成为朋友，但是在和孩子相处的过程中，不自觉地就又变回了高高在上的父母。想要走进孩子的心灵，真正去体会孩子的喜怒哀乐，为孩子的人生出谋划策，只有站在孩子的立场上，让孩子感受到身份上的平等才可以。如果孩子和父母相处时，总是带有压力，那孩子是无法自由诉说自己的内心的。

父母在和孩子沟通时，需要讲究方法和技巧。孩子也是爱面子的，父母和孩子沟通时一定要考虑到孩子的自尊心，必要的时候，可以给孩子一些台阶下，适当地进行退让，只要孩子能够认识到自己的错误，就适可而止。

有些孩子比较早熟，很小的时候就有自己的主意。当孩子已经有了自己对事物的看法和见解时，父母和孩子沟通时就要注意了，一定要在人格上尊重孩子。可以多用一些商量的语气和协商的语言，如：你觉得呢？这样可以吗？我想听听你的意见等等。在这种平等协商的语境下，孩子更愿意向你敞开心扉。不要把年龄当作评判孩子是否长大的标准，只要孩子有了自己的想法后，父母就应该有意识地尊重他。

父母在和孩子交流时，一定要摆正心态，在人格上和孩子真正的平等。父母不要把自己当成父母，也不要把孩子当成小孩，要把对方当成朋友，以平等的身份交流。

写给父母的话

教育专家曾说：“如果孩子不愿意把自己的欢乐和痛苦告诉父母，不愿意与父母坦诚相见，那么谈论任何教育总归都是可笑的。”因此，父母一定要切记：在孩子向你倾诉时，不管孩子说的是对还是错，都不可以直接反驳，甚至批评孩子。首先要做的，就是要搭建起沟通的桥梁，让孩子心里有什么想法时，会及时地同你进行沟通。

如果直接反驳，会打击孩子与你沟通的积极性，导致孩子不愿和你沟通。

很多父母不尊重孩子的性格，把孩子当成自己的一部分，动不动就对孩子发号施令，甚至气急了还会动手打孩子，这些行为都会拉大父母与孩子之间的距离。父母的这些行为，明显向孩子表明：权利在我手中，你要听我的。这在无形之中就已经打破了平等交谈的天平，让孩子无法同父母进行平等交流。

4. 引导孩子学会招待客人

刘芳有一个8岁的儿子，以前她只关心孩子的学习，把辅导功课、检查作业当作教育孩子的主要任务。后来，丈夫提醒她，要重视孩子学习课本以外的知识，对人情世故也应该有所了解。这时，刘芳才注意到，几年前很喜欢说话的儿子言语越来越少了，有时候家里来了熟人也懒得打招呼，显得非常冷淡。

这一天，好友要来家里做客。刘芳提前与儿子打招呼，让他主动招待客人。为了克服孩子害羞的心理，她让丈夫扮演客人，三个人在家里演练了一番。其间，儿子做得欠妥的地方，刘芳主动指出来，并鼓励孩子大胆去做。经过反复练习，孩子做得非常熟练了，刘芳和丈夫很满意。

果然，客人到家里的时候，儿子表现非常棒。客人连连夸奖刘芳会带孩子，她自己心里最清楚，儿子终于克服了羞怯心理，在社交中迈出了勇敢的一步。

热情好客、礼貌待人，是中华民族的优良传统。学会礼貌地招待客人，一方面能帮助人们建立良好的人际关系，另一方面能创造健康文明的社会生活环境。因此，父母要引导孩子掌握礼貌招待客人的技巧。这不但有利于他们学会与人交往，克服害羞的情绪，更会对他们未来的人生发展产生积极的促进作用。

在谈到家庭教育的时候，许多父母往往仍旧离不开孩子的学习，忽视了孩子在为人处世方面的努力。结果是，许多孩子成绩优异，但是不懂得如何与人打交道，甚至害怕与人说话，如此就会限制孩子未来的发展。

招待客人是为人处世的基础，让孩子参与这种活动，不但可以锻炼他们的谈话技巧，还可以让他们见识不同的人，增强与人打交道的能力。将来孩子走向社会以后，都需要这方面的知识和技巧，给自己的事业发展提供空间。

此外，招待客人、与客人交往，本身就是一种交流，是家庭生活中的一个重要主题，这对孩子心理健康也是很有必要的。“招待客人”包括招待谁、对方的期望是什么、有什么目的等。这需要父母在日常生活中对孩子耳提面授，让他们从点滴之中学习。一般来说，掌握以下的待客习惯很有必要。

第一，在客人到达以前，要事先进行充分的准备，包括把房间收拾整洁。同时，也要把自己整理一番，客人来访时，如果主人蓬头垢面、穿着不整洁，那将是失礼的行为。

第二，迎接客人进屋以后，要主动帮着客人放衣物，并引导客人坐在合适的位置上。要避免把客人的礼品当场打开，不要随意乱动。总之，尊重客人才是上策。

第三，主动询问客人喜欢喝什么，并立刻双手呈上，然后大方地与客人交谈。如果客人与其他家庭成员谈话，也要仔细聆听，而不能心不在焉。

第四，当客人离开时，要有礼貌地加以挽留，最后送客人时要陪同走一段距离，并主动说“再见”“欢迎再来”等。

孩子终究有一天会走出家庭，进入更广阔的发展天地。然而，进入一个新环境，需要掌握相应的为人处世技能。所以，父母要注意在平时教给孩子招待客人的技巧，学会坦然与人交流，掌握与人相处的艺术。

5. 与人交友有利于身心健康

这一天下午放学后，下起了大雨。张伟回到家里，发现奶奶买菜还没回来，就急忙给爸爸妈妈打电话，然后穿上雨衣去外面找奶奶。

刚走出门，只见一个警察叔叔和一个与自己年纪相仿的男孩搀着奶奶走过来。更让张伟吃惊的是，奶奶头上裹着白纱布。原来，奶奶回家的时候下起了大雨，因为急着赶路，一不小心跌倒了；幸亏这位男孩拦住了警察叔叔的车，才把奶奶及时送到医院。还好，奶奶伤得不重，没什么大碍。

张伟急忙把这个男孩和警察请进屋里，端茶倒水，并连连表示感谢。

通过聊天，张伟得知，原来这个男孩就住在这个小区。接下来，两个人聊得非常开心，从此彼此成了好朋友。

一个人离不开与周围的人打交道，因此主动交朋友，克服害羞的心理，才有利于孩子健康成长。在家庭教育中，父母除了让孩子学习好书本知识以外，还要督促孩子向他人学习，特别是身边的人。

显然，学会与他人友善相处是一种能力，其前提条件是孩子大胆行动，逐步掌握与人相处的法则。人际交往对个人心理健康、开阔胸襟极其重要，孩子在成长的过程中应该把眼光投放到身边的人和事上来，从距离自己最近的人和事上学习成功的经验、借鉴失败的教训，获得真实、感性的体验。

生活中，许多孩子抱有不切实际的幻想，轻视身边的人和事，甚至不能和身边的人搞好关系；结果，当自己遇到困难的时候，就不会有人伸出友谊之手。不善于与人交往，甚至对他人抱有偏见，对于完善孩子健全的人格有百害而无一利。许多时候，导致这种局面的原因是孩子有社交恐惧症。

研究发现，儿时的友谊影响孩子的交友习惯、自尊心等，其程度几乎相当于父母的抚育和爱。相反，如果孩子失去朋友，或者不被同伴接受，那么即使日后取得很大成功，也终生会有一种不完全感和不满足感。

孩子到7～8岁的时候开始脱离父母的影响，越来越看重同学和朋友对他的喜欢、赞成和支持。尽管他们的感情食粮理所当然地要从家里汲取，但从朋友身上也能得到意外的源泉。而通向这一源泉的桥梁便是孩子的情感能力和社交技能。那些对社交抱有恐惧、羞怯心理的孩子需要父母提供帮助，打开心扉走进群际关系，实现心灵的成长。

（1）父母要引导孩子结交积极进取、学习成绩优异的同伴，同时也要注意让他们认识那些具备某种优秀品质的孩子。总之，能够让孩子从对方身上学习到某种有利于成长的东西，父母就要支持孩子，而不能对其设置种种障碍。

（2）警惕孩子加入到社会上的一些流氓团伙中去。现代社会人员流动频繁，各种不良分子干扰了正常的社会秩序，令人防不胜防。父母要让孩子警惕那些不法分子，学会鉴别，加以疏远。一旦发现孩子有某种反常行为，要给予足够重视，采取干预措施。

交友的技能在儿童期过后，就很难再学会了，它有点像游泳，对蹒跚学步的幼儿来说极其容易，但如果童年时代失去学习的机会，等到成年后再学就比较难了。尽管孩提时代没有朋友并不注定成人后就会孤单，但是必须承认，提早帮孩子克服社交羞怯心理，并掌握出色的社交技能，对他们的成长是特别重要的一件事。

6. 帮孩子融入学校生活

孩子长大了，既渴望上学，又对即将认识的同学感到羞怯。

明天就可以背着书包上学了，王凯既高兴，又紧张。晚上睡觉前，妈妈早就把一切为他准备好了，桌子上放着新书包，床上是新买的衣服。躺在床上，妈妈叮嘱王凯明天到了学校应该注意什么，怎样和老师打招呼。

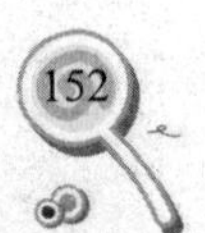

一晚睡得很香甜，第二天王凯早早地就被妈妈叫醒了，桌子上已经摆好了米粥、鸡蛋和油条。吃完饭，妈妈送王凯去上学。由于今天是第一天开学的日子，马路上的车和人都特别多。到了学校门口，王凯的心都提到嗓子眼儿了。

学校很大，有高大的绿树、成群的孩子和跟在身后的家长们，还有神采奕奕的老师。妈妈带着王凯到老师那里报道，然后跟随老师进了一间宽敞的教室，屋子里都是年纪相仿的新同学。

班主任是一个高个子的阿姨，她站在讲台上向大家介绍自己，然后对同学们的到来表示热烈欢迎。接着，班主任开始点名，喊到名字的同学，要站起来喊“到”。王凯紧张到了极点，担心反应迟钝，又担心自己声音不够洪亮。

过了好长时间，班主任才喊王凯的名字。他站起来报到，感觉全班的同学都看着自己，既紧张又羞涩。后来，身边的同学拉了一下王凯的衣服，他才意识到该坐下了。

点完名以后，班主任开始讲话。她号召大家要团结，遵守纪律，好好学习。其实，许多东西大家都听不明白。但是，王凯坐得笔直，紧张地听老师训话，生怕漏掉一个字。晚上回到家，王凯仍然有些紧张，这一天太难忘了。

学校是孩子的另一个世界，是成长的重要场所。第一天的入学经历，会对孩子未来的校园生活产生重要的影响。因此，关注孩子入学第一天的心理变化，帮助他们摆脱紧张、焦虑情绪，增强他们对学校的安全感、信任度，是非常必要的。

孩子在成长过程中，对周围的环境都存在着依赖心理，渴望获得别人

的爱护，找到一个可以信任的人。在家中，孩子是父母的掌上明珠，可以任意撒娇；但是，上学以后，情况就完全不一样了。在那里，孩子开始成为班级这个集体中独立的成员，他们必须努力融入集体，被同学和老师接纳，从而获得安全保障。

对此，洛杉矶大学儿童和青春期焦虑项目的负责人指出，对第一天上学的孩子来说，除了学校要做好各项准备工作以外，父母在其中也扮演了重要角色。因为，父母是最熟悉孩子的人，同时又具备成人的理智，所以应该带领孩子做好入学前的各种准备。

在新的环境中，孩子不清楚如何展示自己、怎样赢得他人的信任，所以在整个角色置换过程中，孩子会有焦虑紧张的体验；严重的时候会采取自我保护的措施，封闭自己，甚至不再相信任何人。为此，父母要帮助他们完成角色转换，适应学校生活。

（1）让孩子在上学第一天就独立自主。

好的开始是成功的一半。孩子第一天上学，是他们成长中的重要时刻，父母要利用这个机会，让孩子养成良好的学习习惯、独立做事的习惯。经验表明，早期良好习惯的养成，能够让孩子更懂事，减少成长道路上的障碍。

（2）帮助孩子融入“学生”角色。

如同刚搬家会产生焦虑一样，孩子在入学第一天也会因为不熟悉学校生活而紧张，产生压力。因此，帮助孩子减轻忧虑的一个有效方法是，尽早让孩子熟悉学校生活。比如，父母可以给孩子讲解自己刚刚上学时的情景，并介绍现在学校出现的一些新变化。此外，父母还可以带领孩子适应一下学校的环境：带孩子先去学校走走，看看他的新教室，这样孩子就知道该到哪去，不会在上学的第一天找不到教室。

（3）鼓励孩子在家里谈论学校生活。

对孩子来说，开始学生时代的生活，需要他们完成从家庭到学校的角

色转变。这时候，孩子在情感上需要获得来自父母的支持、理解和尊重。如果孩子在学校生活中遭遇了人际交往上的困难，那么父母可以通过与孩子对话及时了解最新情况，并给予必要的指导。反之，如果孩子在家庭中受到了不良氛围的影响，使他们无法在学校中集中精力学习，那么父母也可以在与孩子交谈中明确自己下一步的行动方向。

帮孩子融入学校生活，克服羞怯的心理，不仅对其心理健康十分重要，也是帮他们开启学习生涯的准备工作。一位老师说过："对那些刚入学的孩子，我会一直朝他们微笑，用我放松、友好的肢体语言向孩子们表示欢迎。"道理很简单，紧张的气氛会让孩子感到不安，在学校上课的时候是很容易分心的，也会使孩子的学习变得一团糟。

第12章 愤怒情绪：赶走孩子心里那只愤怒的小鸟

孩子不善于控制情绪，遇到小小的刺激就歇斯底里，显然无法获得内心平静。引导孩子坦然面对眼前的一切，学会保持理性、克制，自然容易让内心保持平和的力量。

1．不要当着孩子的面吵架

“你打我，我就打你儿子！”这成了陈典一生中最痛心的一句话。事情还要从头说起。从懂事的那天起，陈典就知道爸爸妈妈经常吵架，当然，爸爸往往是最后的胜利者。有时候，两个人吵急了，爸爸甚至会对妈妈动手，他在一旁看到这种情形，既害怕又愤怒。

这一天，爸爸因为工作上的事不顺心，就多喝了点酒。不知道因为什么，他又对妈妈大发脾气。刚开始，妈妈忍着不做声，后来发动了反击。结果，两个人之间又爆发了一场战争。两个人越吵越凶，丝毫不退让。最后，爸爸借着酒劲儿动手打了妈妈。

结果，妈妈哭着大喊："你打我，我就打你儿子！"说完，妈妈抱起陈典，就朝他的屁股上打去。陈典当时吓坏了，立刻大哭起来。后来，争吵终于结束了，陈典的屁股上火辣辣地疼，不过最让他难以忘记的是妈妈说的那句话。

此后，爸爸和妈妈还是经常吵架。许多时候，陈典成了他们转移情绪的牺牲品。特别是当妈妈无力还击爸爸时，就会对孩子一阵呵斥，然后又抱着孩子痛哭，表现出深深的后悔与自责。

对此，陈典非常愤怒，却又无能为力。童年很快就过去了，那是一段充满阴霾的日子，没有丝毫快乐可言。上了初中以后，陈典开始住校，和同学生活在一起，心情才逐渐好起来。

生活中，父母争吵似乎难以避免，但是不能因此肆无忌惮地乱发脾气，尤其是不能当着孩子的面吵架。许多父母往往只注重个人感受，只在意另一半对自己的伤害。其实，真正的受害者是孩子。看到父母争吵，自己却无能为力，这种感受才最折磨人。

许多研究证实："在暴力环境中长大的孩子，不是变得胆小内向，就是自己也学到这些暴力的特质。"孩子从小生长在争吵或者充满暴力的家庭环境里，容易变得愤怒、恐惧、自卑。显然，这不是父母希望看到的孩子形象。因此，如果你不在孩子面前控制情绪的话，你就会看到性格偏执的孩子。

研究表明，父母吵个不停的家庭，孩子会陷入痛苦的深渊，并因为自己的无助而愤怒。有时候，孩子甚至希望父母离婚，从而脱离这个苦海。事实的确如此，虽然单亲家庭的孩子教育起来可能存在着更多困难，比有

完整家庭的孩子更孤单，但是如果父母之间没有感情、互不信任、互相折磨，那么这样恶劣的婚姻比离婚对孩子的伤害更大。

弗罗维德说：“就像离婚有许多不同类型一样，结婚也有许多不同的类型。有些人说好，有些人说不好。没有人研究当婚姻不好时孩子们喜欢什么样的生活。”父母千万不能视子女而不见，轻视他们的感受。事实上，父母从为人父母的那天起，就已经不是小小的二人世界了，你们身边的孩子有着丰富的心灵世界，你们的一举一动时刻都在最直接、最真切地影响着他们。

（1）不要当着孩子的面吵架。

不当着孩子的面吵架，并不是让父母背着孩子吵架。其实，父母只要想到孩子，学会改变一下自己的心态，就能减少避免发生冲突的可能。这样一来，父母之间就能形成一种良性循环，即使遇到矛盾和问题也能心平气和地坐下来和谈解决。这对增进夫妻感情，也是非常有益的。

（2）营造快乐和谐的家庭氛围。

每个人都喜欢温暖、快乐的家庭生活，从中获得幸福和力量。与家庭暴力相反，父母可以与孩子进行幽默沟通，不但能让孩子感受到轻松快乐，增进亲子之间的有效交流、情感沟通，还能引导孩子豁达、乐观的心态。家庭氛围充满快乐，孩子才会健康成长。

（3）让孩子远离家庭暴力。

家庭暴力，有多种表现形式，除了肉体上的暴力外，父母之间冷战、相互辱骂也是普遍存在的，这些都容易伤害到孩子脆弱的心灵。在家庭暴力中，受影响最深、受危害程度最大的通常是孩子。孩子是明天的希望，让他们健康成长，首先要有一个良好的家庭环境。

在一个家庭里，年轻的爸爸妈妈如何相处，直接影响到整个家庭氛围，影响到孩子对“家”的认识和感受，进而影响到他们的情绪。“家和万事兴”，爸爸妈妈和和美美，那才是幸福的家，孩子才能感受到爱，度过难忘的幸福童年。否则，父母经常争吵，即使孩子有再多的零花钱和玩具，也不会有幸福可言。

2. 愤怒会吞噬孩子的理智

小飞是一个单亲家庭里的孩子，妈妈离婚后没有选择再嫁，而是独自含辛茹苦地抚养小飞和姐姐。小飞自幼性格内向，但是特别好强。上小学的时候，他和一群不好好学习的孩子混在一起，成了老师眼中的“不良少年”。

上了六年级，小飞渐渐体谅到母亲的辛苦，下定决心要像姐姐一样好好学习。接着，小飞开始用功苦学，结果成绩慢慢提高了。后来在一次期末考试中，他一跃成为班级的第三名，令人刮目相看。

原来一起玩耍的“好哥们”看到小飞一心扑在学习上，心生怨愤，又妒忌他取得了好成绩。这一天，几个人在路上堵住小飞，当面说了许多难听的话。尽管一再忍让，但是对方丝毫不留情，小飞顿时火冒三丈。

更可气的是，这几个往日的“好哥们”还跑到老师那里告状，诬陷小飞做了坏事。令小飞气愤的是，老师完全站到那几个“好哥们”一边，对

自己进行了严厉的批评。接二连三的不公平遭遇，让小飞很生气，心中的怒火如同星火燎原般一发不可收拾。

回到家里，小飞向妈妈吐露了心中的不快，碰巧妈妈正在为家中琐事烦心，只是心不在焉地应付了几句。这让小飞很失望，他忍无可忍，找到昨天挑头为难自己的那个“哥们”，挥舞着拳头就是一顿暴打。

结果，小飞再次遭到老师的批评，并被记过处分。回到家，妈妈也对他大声斥责，说他不该与人打架，惹是生非。

对于内向的孩子来说，愤怒是不良情绪无处宣泄引发的一种情感暴发。这种情绪如果不及时有效地加以引导，在不久的将来一定会酿成大祸。愤怒的受创者通常会处于分心或游离状态，并尽可能地躲避自己创伤的记忆。不幸的是，这可能会造成更深的痛苦。

在上述案例中，小飞受到不公正待遇的时候已经留下了愤怒的病根，可是这个内向的孩子一人承担了下来。虽然表面上看不出有任何不对劲的地方，但是却为后面惹事留下了祸患。

小孩子的表达能力有限，当遭遇到不公平对待的时候，如果父母不及时有效地帮助他们发泄出内心的愤怒，那么极有可能对孩子的心理造成无法弥补的伤害。所以，父母平时一定要多和孩子们沟通，倾听他们心中的声音。

无论自己面对怎样的窘境，父母一定要避免把不良情绪强加到孩子身上，你的愤怒只会让孩子的坏情绪发酵、扩大。用平静、温和的声音和孩子沟通，你才能听到孩子的心声，并帮助他们保持健康的心理、情绪状态。

此外，帮孩子树立正确的价值观也很重要。父母是孩子成长途中那个

灯塔般的引路人，当孩子遇到挫折、受了委屈的时候，务必帮助他们正确认识眼前遭遇的一切，学会正确面对各种不尽如人意的局面，避免产生错误的观念，像一个无头苍蝇一样到处乱撞。

愤怒会严重损害身心健康，一个美国科学家把人呼出的气体放入一种液体中，平静时无显著变化，伤心时则产生白色沉淀，而生气时液体浑浊。而进一步进行实验发现，人生气时的分泌物竟可毒死一只老鼠。如果不采取有效措施，愤怒这个野兽便会吞噬孩子的理智。因此，帮孩子摆脱愤怒，是父母的一项重要职责。

父母要做好孩子的成长导师，仔细留心孩子的变化，及时和他们沟通，让彼此成为最好的朋友。看到孩子生气了，可以带着他去做一些使人开心的事情，例如打游戏、听音乐等。不要忽略任何一件可以对孩子造成影响的“小事”，在你眼中的那件“小事”也许日后会长成难以拔除的“大树”。

3. 棍棒教育是一种伤害

晚上，孙浩吃完饭，照例坐到钢琴边，开始练习老师新教的曲子。爸爸坐在旁边，用心地看着儿子演奏，时不时还夸奖两句。

受到鼓舞，孙浩更有信心了，弹奏得出奇的好。弹了几遍以后，爸爸端来果汁，一边鼓励孩子，一边提意见。孙浩喝着鲜美的果汁，不时地把

手指伸进嘴巴里，舔一下。

看到儿子舔手指，爸爸说："手指接触许多东西，有很多细菌，赶快把手指拿出来，别舔了。"但是，孙浩并没有停下来，于是爸爸又反复劝说，语气也变得十分严肃起来。可能是刚才受到了夸奖，孙浩对爸爸的警告置之不理，结果惹恼了他。

后来，爸爸生气地喊起来，孙浩一听就不高兴了，仍旧我行我素。爸爸发出最后通牒，如果再不听话，就要挨打了。当时可能是逆反心理作怪吧，孙浩照旧吮着手指，结果爸爸生气地举起大手，在儿子的小手上狠狠地打了几下。哪知道，孙浩犟劲上来了，就是不听，爸爸越打他就越吮手指。

其间，爸爸始终没有停手，最后孙浩哭着到妈妈那里告状。本以为妈妈会帮自己，但是妈妈却给他讲了一通大道理："你知道小手上有多少细菌吗？有机会你在显微镜下看一下就知道了，把手放在嘴巴里会有很多细菌钻进你的肚子里，让你生病……"

在妈妈的劝说和安慰下，孙浩总算平静下来。但是，爸爸刚才的打骂，还是令他耿耿于怀。

戴尔博士说："如果孩子生长的环境里常常充满暴戾之气，那么你就会有愤怒的孩子；如果你不在孩子面前控制情绪的话，你就会看到毫无纪律的孩子。"在家庭教育中采用暴力手段，不仅会伤害到孩子的身体，也会在他们心灵上造成无法弥合的创伤，更会恶化亲子关系。

对身心都未成熟的孩子来说，父母的棍棒教育是一种压力，更是一种伤害。许多人回忆起成长经历时，都对爸爸或妈妈第一次打骂自己记忆犹新。尽管那可能是父母的过火行为，是一次偶然，尽管肉体上的疼痛早就烟消云散了，但是心灵上的打击却伴随终生。多年以后，许多人回忆起父母的打骂，有的付之一笑，有的心存感激，但是那股包含爱的隐痛是不会消除的。

在美国，有一个孩子误杀了父亲心爱的宠物狗。父亲回到家以后，勃然大怒，叫嚷着要惩罚自己的儿子。最后，这位父亲决定让儿子用死去的狗做一个标本。于是，闯祸的孩子结合课堂上学的知识，搜集了大量资料，最终完成了一个狗的标本。

多年以后，这个孩子已经长大成人，在回忆起童年的这件小事时，他非常感激父亲培养了自己的责任感、使命感。不用说，父亲的惩罚让孩子明白了许多道理，也学到了不少知识。而这个孩子就是里根，后来他成了美国的一任总统。

来自中国青少年研究中心的一项调查资料显示，家庭暴力是少年儿童遇到的最多的暴力伤害。在被调查的5658份有效学生问卷中，有62.9%的孩子在家中挨过打，有82%的孩子在家里挨过骂。而当父母打骂孩子时，有9.2%的孩子产生过轻生的念头，18.1%的孩子想过离家出走，8.4%的孩子恨不得与父母拼了，还有6%的孩子想长大以后找他们算账。

不要以为孩子会在自己的淫威下臣服，不要以为打骂孩子可以树立自己的权威，弱小的孩子在遭遇到家庭暴力的时候，是具有强烈反抗愿望的，尽管他们的反抗能力还很弱小，或者根本就没有反抗力量。其实，更重要的不是孩子们是否反抗了，而是深埋在孩子心里的反抗意识以及由此对父母产生的敌意。

在家庭教育中，“惩罚”是不可缺少的。但是，同样是惩罚，尺度和方式不一样，所取得的效果就会截然不同。惩罚孩子并不一定要打骂孩子，那样只会把事情搞砸。父母严格教育子女是无可厚非的，关键是对孩子严格要求的时候，必须把握好要点，一切措施都要有利于孩子的健康成长。严格要求孩子，需要做到下面几点：

（1）严而有理。父母对子女提出的要求要合乎情理，既在孩子力所能及的范围内，又要坚持平等、民主等原则。在这里，最忌讳的是滥用家长权威，忽视孩子的正常要求。

（2）严而有格。父母提出的要求要明确、具体，让孩子能够明白自己应该做什么、怎样做，并乐于这样行动。如果孩子不能理解父母的期望，那么双方就会发生沟通的困难。所以，父母在对孩子提出严格要求的时候要讲究方法、重视经验、尊重规律，努力避免空洞说教。

（3）严而有度。父母要根据孩子年龄特点、心理特征、个性差异把握尺度，不能随心所欲地对孩子提出各种严格要求，也不能脱离实际地提出过高的要求。这样才有利于孩子成长进步。

在家庭教育过程中，父母还是要尽量避免棍棒教育，这样既有利于孩子良好性格的培养和健康心理的塑造，也有利于减少孩子成长中的遗憾，给他们留下更多美好的回忆。特别是那些对棍棒教育顶礼膜拜的父母，更要回到家庭教育的正常轨道上来，才能避免伤了孩子的心，避免把他们逼入绝境。

4. 引导孩子学会保护自己

4岁那年，小雪和妈妈去一个亲戚家做客。吃过午饭，妈妈和这家女主人去商场买东西了，留下小雪和年长的叔叔在家里看电视。

叔叔拿出许多好吃的东西，哄得小雪很开心。后来，他把小雪抱在怀里讲故事，打发下午的时光。过了一会儿，他开始摸小雪的身体，当时，小雪以为那是大人对小孩子的疼爱，所以没有反抗。天快黑的时候，妈妈和这家女主人才回来。然后，小雪和妈妈告辞回家，事情就这样过去了。

上中学以后，妈妈开始告诉小雪要学会保护自己，不能让陌生人碰自己的身体。有一次，小雪坐公交车回家，有个年轻人上车后就站在她的身后，把身体紧紧贴过来。当时，小雪害怕极了，不敢动也不敢叫。看到小雪没有反抗，那个人开始动手动脚。

小雪意识到这个陌生人在侵犯自己的身体，怒不可遏。她立刻想到了妈妈的警告，于是用力挤过人群，来到售票员的位置，结果那个人没有跟过来。

经过这次事件，小雪明白了什么是陌生人的性骚扰以及可能发生的性侵害。同时，又回想起4岁那年的经历，顿时不寒而栗。原来，当年小雪曾经被骚扰过，而那时她还是个懵懂的孩子。

在我国，关于孩子的“性教育”一直是一个尴尬的话题。家庭教育中“性教育”的缺位必然不利于孩子的健康成长，会给孩子日后的生活带来很大麻烦。特别是随着社会人员流动加剧，孩子的成长环境越来越复杂，父母仅仅告诉孩子基本的性知识显然是不够的，要让孩子了解一些性骚扰、性侵害的事实，才能帮助孩子提高自我防范意识，学会自我保护。

有的父母对孩子被性侵害认知不够，有的父母觉得把关于性侵害的事情告诉孩子太残忍、太残酷，这些做法看似“保护”了孩子，其实是在把孩子置于危险的境地。

2007年4月，国家教育部发布的《中小学公共安全教育指导纲要》，第一次把“性侵害”和自然灾害、校园暴力等一起列入中小学公共安全教育范畴。其中，未成年人遭受性侵害是指：一切通过暴力、欺骗、讨好、物质诱惑或其他方式，把未成年人引向与施害者（尤其是成年人）产生性接触，以求达到侵犯者满足的行为。

一般来说，孩子进入青春期以后，独立意识开始增强，拥有了更多的自我支配的活动空间。但是，由于缺乏生活经验和识别他人品质的能力，孩子很容易相信别人，加上在遇到紧急情况时缺少应对能力，所以他们随时都会面临性骚扰、性侵害的危险。

为了让孩子拥有美好的人生，为了让孩子减少成长的遗憾，父母们要行动起来，在家庭教育中给孩子上好“性教育”这一课，让孩子学会自我保护。让孩子健康成长、避免遭受性侵害，最重要的是提高孩子的自我防范意识、学会自我保护。

（1）适时让孩子了解性保护的知识，并用通俗易懂的语言作出解释。比如，父母可以结合电视、报刊上的一些反面故事教育孩子，让孩子明白这个世界是复杂的，我们周围存在一些不法分子，从而告诫孩子克制自己的好奇、侥幸心理，提高对行为后果的预知能力，减少冒险行为，不给他人留下侵犯自己的机会。

（2）让孩子牢记下面这些基本原则：不与异性在过于隐蔽的环境中单独相处、夜间尽可能不要在外逗留时间过长或单独出行、不要轻易接受异性的约会邀请、不与异性到成年人的娱乐场所玩乐。

（3）让孩子知道可能对自己造成侵害的各种人。除了陌生人以外，有时候孩子身边最熟悉的人，甚至是亲属、老师也可能对孩子进行性骚扰、性侵害。此外，施害者不一定是异性，也有可能是同性；施害者并不能凭借容貌分辨出来，有许多施害者的举止是文质彬彬的。

（4）父母临时有事的时候，不要把孩子随便托付给他人。因为有些人，比如邻居或小朋友家长，大家虽然认识，但是你其实并不了解他的为

人与底细。过于相信对方，很可能把孩子送到虎口。

孩子在成长过程中，随时会面临着各种危险。其中，来自外部世界的性骚扰、性侵害会在孩子心灵和身体上产生致命的消极影响。当孩子遭受到这种摧残以后，沉重的阴影很有可能伴随其一生，影响他们的成长、未来的婚姻生活及性心理。为此，从小教育孩子学会保护自己，才能减少遗憾和伤害。

第13章　悲伤情绪：成长有点残酷，让孩子变得坚强

成长有点残酷，懦弱的孩子看不到未来。即便给予孩子再多温暖，也要让他们独自面对成长的烦恼。培养勇敢坚强的孩子，他们就不会娇气、软弱，敢于独自面对一切挑战。

1. 别让孩子变成意志力薄弱的人

年幼的大宁在各种集体活动中总是拖班级的后腿，他没有一技之长，为此感到十分自卑。令人寒心的是，大宁遭到了同学们无情地鄙视与冷漠，连老师都不愿意正眼相看。显然，这对一个年幼的孩子来说有点残酷。

大宁整天闷闷不乐，有时候还会遭到一些同学的骚扰。不过，这些骚扰也令大宁感到欣慰，可能是因为这让他感到了自己在班级中的存在感吧！久而久之，大宁对任何事情都表现出了冷漠的态度。

有一天，班上新来了一位体育老师雷川。体育课上，雷川老师竟让这些小学生开始长途耐力赛跑，第一节课就要比出名次。当然，无所事事的

大宁稳坐最后一名。雷川老师当然看出了大宁的冷漠态度，于是让他再跑一圈。

大宁气喘吁吁地跑着，虽然拼尽了全力，可是仍然和倒数第二有很大差距。雷川老师略有所思，对大宁说：“可以输给别人，但是永远不要败给自己。”大宁像触电一样清醒了许多，雷川老师的话瞬间点醒了他。

第三次体育课，大宁依旧是长途耐力赛跑的倒数第一，但是他竟比前两次快了许多。一年后的1000米体能测试上，大宁远远地甩过了第二名冲向了终点。

原来那次体育课后，大宁一直每天坚持突破自我，每天都在战胜着昨天的自己，跑得越来越快，飞得越来越高。当然，此时大宁已成为品学兼优的好学生了。

孤独与自卑会损耗孩子积极向上的干劲，严重削弱孩子的意志力。开始，没有一技之长的大宁遭到了老师和同学的“另眼相待”，这让一个年幼的孩子觉得无地自容，可见当时大宁的心理状态是多么凄楚。

孩子在失望的时候特别容易丧失奋斗的精神，继而觉得生活无聊，萎靡不振。此时，他们最需要鼓励与引导，因此老师和父母必须果断出手，帮助孩子度过成长的艰难时刻。任何一个孩子都有无限的可能性，不应放弃对孩子的希望，要带他们勇于突破自我。

今天，许多孩子像温室里的花朵，经不起风雨的洗礼，遇到一点儿事就退缩，这显然无法应对未来充满不确定的生活。为此，父母要注意培养孩子坚持的性格和坚韧的意志力。凡事都替孩子铺好道路，过度的溺爱只会害了他们。让孩子明白坚持到底的重要性，具备顽强的意志力，对他们至关重要。

网上曾流传过这样一段视频，一位没有双手和双脚的残疾人参加了自由式摔跤比赛。那位选手的坚毅和意志触动了无数人，他并没有因为自己身体上的缺陷而自卑抑或是萎靡不振。相反，他那永不放弃的精神支持着自己所热爱的自由式摔跤。也许有人说，他这是在作秀，可是当胜利的奖牌挂在这个年轻的胜利者身上时，那些否定他的人再也发不出任何声音。

孩子从来到这个世界的那一刻起，就要面对无数未知的风险，经受各种挫折和打击。父母无法守护孩子一生，必须在其成长过程中磨炼出顽强的意志，不因为一时的失意感到自卑、痛苦，那样只会影响他前进的脚步。

生活中，意志力薄弱的孩子容易深陷痛苦的沼泽中无法自拔，未来的人生必然一片黑暗。作为孩子的引路人，父母要起到榜样作用，时刻表现出坚强乐观的一面，不应怨天尤人。遇到挫折时，让孩子看到你是怎样征服自我，是怎么用坚韧的意志力走出困境，取得成功的。这会潜移默化地锻炼孩子的意志力。

有的孩子从小习惯了衣食无忧的生活，最缺的就是坚韧的意志力。他们遇到困难时容易退缩，不知所措，这是家庭教育的失败。父母要有意识地培养孩子永不放弃的精神和坚强的意志力，把孩子磨炼成“情绪金刚”，在面对挫折的时候学会正面应对。

2. 美好的期望帮孩子远离悲伤

在妈妈眼中，六年级的佳佳是一个十分温顺的孩子，老师也常夸她乖

巧懂事。但是，佳佳自己却感到十分“辛苦”，这是怎么回事呢？

妈妈十分重视佳佳的学习成绩，期望孩子将来能考上理想的大学，过上幸福自由的生活。因为望女成凤的心愿十分强烈，妈妈甚至忽视了对佳佳其他方面的教育。

佳佳是一个勤奋好学的孩子，可是成绩一直处于中游阶段，这让妈妈十分苦恼。眼看就要升初中了，为了让佳佳顺利考进市里的重点中学，妈妈帮女儿报了许多培训班，佳佳虽有些厌烦，但也按时去学了。

不久，佳佳成绩快速提升为全年级的第三名，这让妈妈颇为欣慰。可是，佳佳此时却感到十分苦恼。原来妈妈并不满足现在的成绩，她为了争夺第一名，还需要付出更多努力。一味地追求分数令人厌烦，渐渐地，佳佳对学习失去了兴趣。

一时间，佳佳感到了前所未有的迷茫。她尝试着向妈妈倾诉心声，却得不到理解，甚至被批评一番。佳佳不想背负太大压力，她陷入了苦恼，并因为不被理解而伤心。接着，佳佳开始关注身边同学欢笑的样子，他们没有过大的压力，显得开心自由。

期望孩子学习好，将来有所作为，是大多数父母的美好期望。但是，心急吃不了热豆腐，在子女身上花了巨大的代价，结果却得不偿失，甚至给孩子增加太大压力，这种情形很常见。

案例中的佳佳是妈妈心中的好孩子，一直在按着妈妈的“指示”行动，久而久之便丧失了自我期盼，成了学习机器，牺牲了个人爱好和兴趣。这种生活带来永无止境的枯燥与乏味，对一个未成年的孩子来说，心灵伤害是巨大的。

兴趣是孩子最好的老师，父母应学会认真对待孩子的兴趣和爱好，使

孩子得到源源不断的学习动力以及成长的快乐。一个有目标、有计划的人往往更容易迈向成功，并从中体验到胜利的喜悦。家长除了督促孩子抓好学习，还要尊重他们的兴趣、爱好，让他们在成长中获得快乐，避免陷入郁郁寡欢的情绪深渊。

许多孩子对父母言听计从，逐渐丧失了自己的思想和追求。失去了成长的自主性和自由度，孩子的心灵就会陷入荒芜的境地，没有一丝快乐，只有冷漠和悲伤。“乖孩子”变成了一个为别人而活的可怜人，这不能不说是家庭教育的悲哀。

为此，父母要多多培养孩子们的兴趣，仔细倾听他们内心的真实想法，让他们的生活充满正能量，从而在快乐中成长进步。帮孩子确立行动计划，以及对未来有一份美好规划，奔着理想迈进，那么生活中的每一天都值得期待。

成功并不是一蹴而就的，父母可以鼓励孩子一步一步来，每一个阶段设定一个小目标，然后记录下来。同时，建议父母不要过分干预孩子们的空间，要留给他们足够的空间来发挥。父母也可以和孩子分享一下自己的故事，以便让孩子心中展开自我期望，从而带着希望上路。

3. “爱心”不是总能带来良好的结果

每天下午4点多，幼儿园大门口总是聚集着许多爷爷奶奶，他们在这里等候多时，准备接孙子、孙女回家。

这一天，亮亮骑着幼儿园的小自行车玩耍，忽然车停下来动弹不得，原来是另一个小朋友拉住了他的车把，并把一只脚放到了他的腿上。突然，旁边一位50多岁的奶奶冲着不远处的一位年轻妈妈喊道："喂！你怎么站在那里动也不动，你儿子已经把脚放到我孙子身上了，还不管管他！"

响亮的喊声吸引了很多人，大家一下子安静下来，纷纷看着那位挨骂的妈妈如何回应。只见她愤愤不平地回答："这不是我儿子！"

这位盛气凌人的奶奶意识到自己骂错了人，却丝毫不认错，反而拉着亮亮的肩膀前后摇动起来，还不停地说："你怎么这么笨呀，别人抢你的车就应该用车撞他。你怎么不知道保护好属于自己的东西呢？一点儿竞争意识都没有，长大了可怎么办呀？"

接着，一位幼儿园老师走过来，才把这位奶奶劝住了。但是，亮亮早已哇哇地大哭起来。那位奶奶没有意识到，自己爱孩子，但"爱"错了地方，帮了倒忙。不难想象，亮亮的心灵一定受到了极大的伤害。

孩子之间争抢东西是非常平常的事，用不着大惊小怪，更不必在他们之间分个高下、争个长短。孩子之间发生争抢、打闹时，父母或老师只要加以正确的教育引导就可以了。但是，上面这位奶奶却护孙心切，用自己的极端方式处理事情，甚至不惜贬斥孙子，表面上是因为"爱心"护短，其实只会让事情更糟糕，还伤害到孩子纯真的感情。

试想一下，孩子接受了这种以自我为中心的教育，肯定会过分强调自己的利益，而不能照顾到他人的感受，这样一来怎么能与大家和睦相处呢？长大以后，这样的孩子不能与他人建立友谊，凡事就会寸步难行，更不要说获得发展、取得成功了。

如果说上面这位奶奶的做法是一种比较极端的行为，那么许多父母在日常生活中出于“爱心”，想当然地以自己的方式教育孩子，也会成为被人忽视的“爱心之下的伤害”。比如，父母疼爱孩子，不让他们做家务；为了避免意外伤害，不让孩子亲近大自然。这些做法都有待商榷。

孩子在成长过程中需要经历各种磨炼，吃苦是少不了的。但是有些父母不忍心孩子吃苦受累，或者自己包办了一切，或者把他们“圈养”起来。这种过度保护的做法只能让孩子永远长不大，无法应对日后更大的人生风浪。

父母用自己的“爱心”关照孩子，是无可厚非、毋庸置疑的，关键是，我们不能仅仅从良好的愿望出发，而不顾及最终的结果。事实上，“爱心”的出发点与归宿都是让孩子健康成长，掌握知识和生存的本领，日后获得良好发展。如果父母的某些做法不利于培养孩子健全的人格、完美的品行，甚至让孩子误入歧途，那么我们就要检讨自己了，警惕让“爱心”害了孩子。

“种豆得豆，种瓜得瓜”，这是人们熟知的自然规律。但是，“有心栽花花不开，无心插柳柳成荫”的情形也同样存在，特别是在教育孩子的问题上，以“爱心”为“借口”对孩子指手画脚，常常会让父母因为自己的“爱心”害了孩子。这样一来，日后痛苦的肯定是父母，而受到惩罚的肯定是孩子。

写给父母的话

“望子成龙”“望女成凤”，这是天下父母的心声，没有人怀疑父母所做的一切不是为了孩子健康成长。但是，有的父母总是对孩子毫无原则地溺爱，不但在各方面任意迁就，甚至不允许别人说一点孩子的不是。结果，在溺爱中长大的孩子，只能听表扬不能听批评，心理承受能力极差。一旦遇到挫折，他们很容易丧失自信，或者钻牛角尖，给个人成长带来严重打击。

4. 搬家可能给孩子带来不良影响

一般来说，孩子年龄越小，受环境改变的影响越大。搬家以后，孩子进入一个全新的环境，会产生心理上的不适应感，如果原来熟悉的人不在身边了，更容易带来心理压力。

俄罗斯萨拉托夫州国立大学的专家曾经对长途搬家对孩子的影响进行了专题研究，结果发现：孩子在新环境中容易产生“心理震动”，引发不同程度的心理变化。研究人员对330名10岁至17岁的学生进行了问卷调查，他们当中超过一半的人有过长途搬家的经历。问卷内容进行了科学设计，涉及居住条件、生活方式、孩子对自己在班级的地位、与父母和朋友的关系、家庭经济状况等。

调查结果显示，孩子在搬家以后对生活的满意度显著降低。与当地居民的孩子相比，搬过家的孩子对生活环境、居住条件的满意度比较低，在新班级对自己的地位评价也不满意。最后，专家提醒父母，搬家的时候父母要对孩子进行预先的劝导，搬家后更要对孩子进行心理安慰，对孩子的消极想法进行干预。

在现代社会中，随着城市化进程的加快以及经济水平的提高，人们越来越多地加入到搬家大潮中去。乔迁新居是一件高兴的事，但是父母不能

仅仅享受搬家带来的欣喜，还要留意孩子的情绪变化，当发现孩子产生不适应、情绪波动时，要给予必要的帮助，避免引起消极后果。

那么，父母应该怎样消除搬家带来的消极影响呢，怎样把握孩子可能产生的心理变化呢？具体来说，下面几点是需要特别注意的：一是根据搬家的不同原因，判断由此给孩子带来的心理影响；二是当搬家会明显改变孩子的人际关系，特别是会中断孩子现存的友谊时，父母要给予孩子心理上的安慰；三是根据孩子年龄大小，判断孩子可能出现的不同反应。

在家庭教育上，父母要坚持实事求是的做法，正视搬家给孩子带来的不良影响，学会关心孩子，让他们融入新的环境和生活中去。因此，父母需要在搬家前、搬家后的整个过程中，对孩子进行各个方面的教育，引导他们积极乐观地面对新生活。

首先，搬家前要向孩子讲明搬家的原因，让孩子尽早做好心理准备，这样就能减轻孩子的不适应感，有效防止抑郁和紧张。道理很简单，做好了思想工作，孩子才能积极主动地配合父母搬家，才能避免发生摩擦。

其次，在搬家的过程中，要让孩子积极参与进来，做一些力所能及的事情。比如，对年龄小的孩子，可以让他们整理自己的玩具、图书等；对年龄大一点的孩子，可以让他们帮忙整理其他物品。通常，孩子参与到搬家活动中来，就能感到自己也是搬家的主动者，而不是不被重视的“少数分子”。孩子有了被重视的感觉后，就能体验到搬家的快乐。

再次，搬完家后，父母要对新家进行布置，努力创造一个温馨、和睦、愉快的家庭氛围，让孩子尽快地喜欢上这个新家。同时，还要多关心孩子的饮食起居，观察孩子是否出现了“水土不服”的情况，一旦发现问题要及时治疗。

最后，要让孩子熟悉周围的环境，比如超市、医院、车站、银行，并鼓励孩子与左邻右舍和睦相处，结交新朋友。有的父母刚搬到新家，往往很累，情绪容易出现低落情况，不能及时帮助孩子熟悉周围的环境，很容易引发孩子的不适应感。

通常，孩子年龄越小，对环境的改变越敏感。一项调查表明，幼儿园或一年级的小朋友对搬家尤其敏感。这是因为，他们正尝试着与父母分开，努力适应新的老师和同学，如果搬家，那么他们往往会对新环境产生不适应感，而把注意力重新转移到对父母的依赖中来，从而干扰了他们发展家庭之外的社会关系的努力。

此外，如果父母在搬家前没有与孩子进行良好的沟通，孩子甚至在心理上一直有抵触情绪，那么搬家后，孩子生活在不适应、不安全的处境中，就会对搬家产生本能的悲伤、厌恶情绪。

5. 让孩子学会面对亲人的离世

小时候，马小军和爷爷奶奶生活在一起。记得那时候，爷爷总是给马小军买好吃的，带着他到外面玩儿。上了小学以后，爷爷每天傍晚都在学校门口等马小军回家。

然而，初一那年，爷爷突然去世了。听到这个噩耗的时候，马小军简直不相信自己的耳朵。处理完爷爷的后世，他一直沉浸在悲痛中，无法解脱出来。那段日子，马小军总是梦到和爷爷在一起的日子，常常哭着醒来。

后来，马小军强打着精神去上学，但是始终无法恢复到从前的状态，无法集中精力学习。老师知道了这种情况后，多次开导马小军，也没有效果。后来，他干脆无法继续上学了。爸爸对此也一筹莫展，只好听从老师的建议让孩子休学。

一个人待在家里，马小军显得更孤单了。后来，奶奶过来陪着他，并且责备爸爸："你这个样子，哪里像个当爹的人，你看看你的儿子都变成什么样子了！"爸爸有苦难言，后来带马小军去看心理医生，才发现孩子患了自闭症！

后来，经过很长一段时间的调理，马小军才渐渐从爷爷去世的阴影中走出来，继续完成自己的学业。爸爸曾经感叹道："没想到，丧失亲人对孩子的打击远远要大于自己。"

多年生活在一起的亲人突然去世了，人们往往很难接受这一现实，这是人之常情。所以，面对亲人的故去，慢慢习惯没有那个人陪伴的生活，需要一定的时间。对孩子来说，他们对这个世界的认识还不成熟，因此对"生"与"死"还无法像成人那样勇敢面对，一旦亲近的人去世，他们往往会在心理上引起很大的波动，甚至无法正常生活下去。

孩子如果是在老人的陪伴下长大的，那么当家里的老人去世时，孩子大多会陷入悲伤、恐惧、无助的情绪中。如果父母能够帮助孩子应对亲人的离去，给孩子做好心理辅导工作，那么孩子就能做好准备，经过一段时间的情绪调整就能重新开始新的学习和生活；反之，孩子就无法从消极的情绪中摆脱出来。

当然，孩子的感受还与他对死去的人的爱的多少有关，孩子与死者的关系越密切，那么孩子承受的痛苦就越大。有时候，孩子在幼小的时候，

父亲或母亲也会突然亡故，这对他们的打击会更大。有一个孩子在日记里这样写道："对我来说，最大的痛苦是失去了妈妈。每当别人谈起他们的妈妈怎么怎么好时，我就会把辛酸的眼泪往肚子里咽。别的孩子都有一个慈爱的妈妈，天天能够得到她的温暖，而我却永远也看不到妈妈的样子了……"

从任何角度来看，亲人去世对孩子来说都是一个意外、一个巨大的打击。作为孩子的监护人，我们要注意到孩子在整个事件中的感受和心理承受能力，帮助他们安然度过这场"情感危机"。

亲人的亡故，会直接给孩子带来心理、情感上的创伤，会刺激孩子原本脆弱的心灵。因此，父母要帮助孩子学会面对亲人的离世，带领他们走出悲伤的阴影。

（1）把你的真实感受告诉孩子。亲人去世后，父母会陷入悲痛中。孩子看到父母哭泣的样子，往往会感到害怕；即使父母努力表现得很坚强，孩子也能感觉到那种真实的痛苦。所以，当孩子看到你哭的时候，最好把真实的感受告诉他们。比如，"我想起了爷爷对我们的照顾，很难过，不过别担心，过段时间我就会好起来的"。

（2）亲人去世一段时间以后，父母要努力从悲痛中摆脱出来，让孩子看到自己积极面对生活的一面。如果父母一味沉溺在伤痛里，忽视了孩子的感受，那么孩子就容易变得自闭，进而出现失常现象。因此，父母做什么，怎么做，孩子会看在眼里，并受到很大的影响。

（3）帮助孩子进行必要的心理辅导。一般来说，孩子适应亲人亡故的事实，一般要经过三年时间。而父亲或母亲的亡故，对孩子的打击会更大，甚至会影响孩子的心理发育和健康成长。所以，父母要注意给孩子及时进行心理疏导，让他们学会面对眼前的事实。

写给父母的话

奥里利厄斯说："人不应当害怕死亡，他所应害怕的是未曾真正地生活。"对孩子进行"死亡"教育是很必要的，而且是很迫切的。不可否认，孩子比成人更脆弱，但是我们不能因此就蒙上孩子的眼睛、捂住孩子的耳朵，不让他们接触外面的世界，不让他们懂得什么是"死亡"。采用恰当的方式让孩子明白"生"与"死"的问题，孩子才能更加热爱生命和生活。

第14章 后悔情绪：不要让孩子为打翻的牛奶哭泣

孩子在成长过程中难免犯错，甚至作出一些遗憾终生的事情。父母要让孩子明白，永远都要向前看，不必为昨天的遗憾耿耿于怀。

1. 不要“严惩”淘气的孩子

徐灿的家里买了新房子。马上就要搬到新家里了，需要买家居用品。本来，爸爸这几天一直到处跑，已经够累的了，根本不想带着儿子。然而，经不住徐灿死缠硬磨，最终答应了。

徐灿和爸爸来到卫浴产品大厅，准备看看马桶和浴盆。看着里面漂亮的洁具，他充满了好奇心，忍不住把小手伸过去，这里摸一下，那里抓一把。徐灿回头一看，只见爸爸正在和导购员咨询。于是，他胆子更大了，随便动起这些吸引人的洁具。

刚开始只是好奇，后来徐灿产生了一个疑问，马桶为什么能够工作

呢？他想看看里面到底有什么秘密，于是翻弄起来。正当徐灿玩得最有兴致的时候，只听“哐当”一声……徐灿一不小心把简易洗手盆打翻了，而盆子翻下来的时候又刚好砸到了旁边的抽水马桶，还碰到了他的头。

整个意外发生以后，徐灿顿时蒙了。只觉得额头火辣辣地疼，他禁不住嗷嗷大哭，爸爸急忙跑过来，心疼地问碰到哪儿了。当然，除了额头受伤以外，徐灿更多的是害怕，因为自己闯祸了。

果然，不出徐灿的意料，导购员开始和爸爸商议损坏的马桶怎么处置。听说要照价赔偿，爸爸狠狠地瞪了儿子一眼，吓得徐灿把头转到了一边。结果还没买马桶，就先搭上了一个。爸爸对徐灿说：“别哭了，都怪我没有看好你。看来咱们和这个马桶有缘，干脆就算买了它吧，碰掉的那块瓷，就当个纪念了。”

回到家以后，徐灿要么静静地坐在沙发上看电视，要么回到自己的屋子里待着，不敢大声说话，也不敢乱动。因为他知道，今天闯祸了，所以特别乖。

对父母来说，通过斥责、严格限制，或许能让淘气的孩子变得“老实”；但是，这种教育不是万能的，它可能已经损害了孩子的进取心和探索能力，从孩子成长的角度来看，奉行这种教育又是万万不能的。

著名作家冰心说过一句话：“淘气的男孩是好的，淘气的女孩是巧的。”孩子淘气是很正常的，淘气中潜藏着求知的渴望、认识的提高和智能的发展。孩子淘气的时候，往往在通过观察、触摸、谛听以及联想，发现周围世界的秘密，从而使自己的视觉、触觉、听觉、嗅觉、味觉都得到锻炼和发展。

孩子在淘气的过程中，积累了生活经验，提高了思维能力，逐渐认识了纷纭复杂的大千世界，从无知变为有知，从愚昧变得聪明，从幼稚发展为成熟。这既是一种内在的冲动和需要，也是个人成长的必然结果。因此，父母要尊重孩子不可遏制的求知欲、无所顾忌的探究欲和大胆的不拘一格的开创精神。

然而，淘气的孩子对爸爸妈妈来说可能是一种负担。因为，他们不仅要照顾好家庭，还要面对工作中的压力。有时候，父母可以对淘气的孩子耐心教导，但是孩子频繁地招惹是非，可能会让父母失去耐心。在这种情况下，许多父母就会对屡教不改的孩子失去信心，甚至将其视为“害群之马”急欲推开，于是采取权威压制的做法。

当然，孩子们的淘气有时也存在着一定的破坏性，甚至是危险性，而这一点又大都是他们所始料不及的。当孩子们被强烈的好奇心驱使，一心一意地去探究时，往往是“忘我”的，不计后果的，待到严重的后果呈现后，他们才会有惊恐的心理产生。这时，父母就要学会教导孩子认识淘气可能带来的危险。

（1）学会适度惩罚孩子。

有些孩子之所以频繁闯祸，就是因为他们在惹事后没有受到相应的惩罚。所以，当孩子频繁闯祸、惹事，甚至故意捣乱的时候，父母就要学会适度惩罚孩子，使他在自己的过失所造成的后果中得到教训，受到教育。

（2）对故意捣乱的孩子要“约法三章”。

孩子淘气、爱闯祸，是他们的天性。事实上，孩子惹事、闯祸，有时是无意的，但是频繁发生；有时是有意的，结果危害严重。无论是哪种情况，父母都应告诉孩子事情的后果，学会让孩子承担责任。这种家庭教育，关系到孩子的教养问题，对孩子日后良好习惯的养成、办事能力的培养，都有着积极作用。

孩子“闯祸”的背后往往隐藏着积极地探索精神，淘气的孩子可能是未来各行各业的能手，甚至是独树一帜、卓有成绩的专家、学者。所以，淘气并非坏事，它绝不等同于捣蛋与过失。对淘气的孩子，父母要善于包容，避免对他们横加限制。伟大导师马克思每个星期都要抽出时间和孩子们一起玩耍，他总是引导淘气的孩子，鼓励、帮助他们发现这个世界的秘密。所以，孩子因为淘气惹事以后，父母要善于正面诱导、启发、教育。

2. 走出“问题孩子”的阴影

赵峥从小就是家里的“小皇帝”。当时，妈妈在一家超市做售货员，爸爸在外面跑业务，家里的经济状况不是太好。但是，爸爸妈妈从小就很宠儿子，小小年纪一身“名牌”。

上初中以后，赵峥看到班上一些同学有智能手机，玩游戏、发短信、打电话，就整天闹着要妈妈买。因经济条件不好，妈妈还在用非智能手机，哪能给孩子买呢。但是儿子闹得不行，爸爸妈妈一商量，认为再苦也不能苦了孩子，就花了近千元为赵峥买回一部智能手机。

不料连续几个月，赵峥的手机通信费都在100元左右。父母急了，便要求儿子省着点，但是赵峥并不听话：“我们班上有些同学每月还三四百元电话费呢。我都够省了！”

不久，赵峥认识了几个校园外面的朋友，大家一起到外面吃饭、聊天。这样一来，他的零花钱开始变得不够用，学习成绩也直往下滑。赵峥的朋友越来越多，朋友的成分也越来越复杂，一些行为不端的同学便开始教唆赵峥泡游戏厅、上网吧、逛商场。后来赵峥才明白，很多玩伴都是冲着他的钱，每次都让他“放血”。

钱不够用了，怎么办呢？赵峥开始额外向爸妈要，开始他们也从不追究，但是赵峥越要越多，父母没有办法索性就不给了。后来，赵峥干脆和那些朋友去偷东西，还向一个“大哥”借钱。那当然是高利贷，后来还不上钱，被他们抓了起来。爸爸知道了这件事，自然非常生气。为了帮儿子还债，爸爸拿出了所有积蓄，还是不够。

后来，赵峥终于被他们放回来了，回到家看到屋子里空落落的样子，心里也不是滋味。妈妈说了几句安慰的话，让他好好学习，别再贪玩了，他点点头。晚上下起了大雨，爸爸10点多才回来，浑身淋透了。原来，为了偿还签下的债务，爸爸去帮人卸货了。

看着爸爸湿透的衣服，赵峥心里很不是滋味。他似乎一夜之间长大了，明白了爸爸妈妈养育自己多么不容易。从那时起，他开始改变自己，发誓做一个堂堂正正的男子汉。后来，赵峥在学习上下足了功夫，在一所职业技术学校学习了汽车修理专业，终于步入正轨。

有一位年轻妈妈抱怨说：“我非常爱我的儿子，爱到可以把我的肉割下来给儿子吃，但儿子却一点儿也不争气，不但彻底荒废了学业，还和外面不三不四的人来往。问他什么话都不说，好像我是他后妈似的！”

孩子在成长过程中，都会有一种积极向上的动力和追求，但是当他们遭遇失败而得不到父母、老师和同学的帮助，甚至是遭到他们的忽略、嘲讽时，就很容易自暴自弃，成为人们常说的“问题孩子”。

“问题孩子”的出现是多种因素造成的。比如，孩子从小缺少双亲的呵护和爱，从小心里就有阴影；孩子生活在单亲家庭中，得不到应有的父爱或母爱；孩子受到社会不良分子的教唆和引诱，走向堕落。

父母、老师、同学都曾经试图帮助“问题孩子”步入正轨，度过成长的危机，但是大多都以失败告终。在他们看来，“问题孩子”是无可救药的，已经“坏”到了骨子里。然而，抱怨不是办法，对父母来说，重要的是走进孩子的内心世界，了解孩子们的真实想法，这样才能有的放矢，带领孩子走出“问题孩子”的阴影，让人生少一些遗憾。

（1）成长比分数更重要。

在我国应试教育的背景下，考试分数是孩子升学的敲门砖。许多“问题孩子”的出现，就是父母过于看重分数，而不关心孩子成长的结果。父母不要给孩子灌输“分数高于一切”的理念，更不能在他们成绩不理想的情况下大发雷霆，施加更大的压力。否则，孩子就会走向极端，一旦考试不利就容易自我摧残。

（2）和孩子成为知心朋友。

父母如果不能了解孩子的内心想法，不能和他们成为朋友，那么就不能及时发现孩子成长中遇到的困难，等到事情严重的时候才知道就晚了。怎样和孩子交朋友，已经成了许多家长十分头痛的话题。在此，父母要注意把握好下面几个原则：在日常生活中注意孩子的心理变化、对孩子的过错报以宽容的态度、平等地对待孩子。

（3）帮助“问题孩子”走出误区。

许多父母对“问题孩子”大多气急败坏，悔恨自己早期家庭教育的失误。这时候，发脾气、打骂，都不能解决问题，对孩子进行冷战，甚至让他们自生自灭，更不可取。父母作为孩子的监护人，承担着教育孩子的重

任，不管孩子遇到了什么问题，都应该静下心来想办法解决，给孩子更多的爱护。

“问题孩子”更需要关心，更需要父母的爱护。一旦他们失去家庭和学校的照顾，走向社会，就很容易自甘堕落，甚至被不法分子利用，走向毁灭。爱孩子，就要给予他们爱护，给他们提供乐于接受的爱的方式。

3. 强化时间观念就能减少遗憾

7岁的小雅是一个时间观念较差的孩子，每天放学后总是先玩游戏，到最后一刻才做作业。每天不能提早完成作业，结果上床睡觉时间晚，第二天不能按时起床，经常在课堂上打盹儿。时间长了，小雅形成了晚睡晚起的坏习惯，导致学习成绩迅速下降。

为什么会这样呢？因为小雅每天放学回家后总是先打开电视看动画片，准备放松一会儿再写作业。起初，她打算看完一部动画片就立刻完成作业，结果一部接一部看下来，时间一点一点过去，最后把作业完全抛到了脑后。然后再吃些水果，玩会儿平板电脑，等到天黑了吃完晚饭，才想起作业没有完成。

小雅的父母为这事非常发愁，所以多次催促孩子放学到家就立刻写作业。但是，小雅缺乏时间管理概念，总是玩到最后才行动，结果总是无法

按时完成学习任务。为此，父母也曾多次惩罚小雅，但是都不管用。

对儿童来讲，形成正确的时间观念对今后的成长、发展非常重要。通常情况下，大多数儿童的时间观念都是模糊不清的，他们不会知道“一会儿”是多久，不知道一秒、一分、一小时的时间有多长，常常因为贪玩而延误了时间。

在上述案例中，小雅的父母对其管教的方式不能取得良好效果的原因在于，一味的催促只会增加孩子的厌烦感，严厉的惩罚只会令孩子产生失落感与逆反心理；空洞的威胁，只会增加孩子对你的排斥，起不到任何教育作用。

父母在对孩子时间观念的教育上应善于引导，不要刻板地给孩子模糊的指令。譬如说，父母应告诉孩子每天下午5点放学到家，到7点吃晚饭之间一共有2个小时的时间做作业，如果写作业的时间需要一小时，那么只能用剩下的一个小时看电视，否则无法按时完成作业。父母把事情解释清楚了，孩子自然会对时间有正确的理解。

父母也可以与孩子有一个约定，比如学习半个小时后可以玩10分钟游戏，写作业一个小时后可以花半个小时看电视。开始的时候孩子肯定不愿意接受，但是逐渐适应了这种作息规律，他们就有了基本的时间观念。

儿童时期正是时间观念形成概念的关键时期，让孩子明白“时间流逝不复返”，就是引导他们懂得时间的宝贵，从而知道珍惜时间，好好安排时间学习、娱乐。因此，父母不可轻视培养孩子的时间观念，从幼儿时期就要做好这一点。否则，等到孩子逐渐长大，如果没有养成良好的时间观念，会带来很多困惑，酿成许多无法弥补的遗憾。进入社会以后，孩子甚至很难在竞争激烈的环境中立足。

（1）一定要培养孩子遵时守时的好习惯。

父母要注意观察，孩子如果不能按时完成作业、做事拖拉，就要给予正确指导。培养孩子守时的好习惯，父母同样要以身作则。答应孩子的事要做到，说好6点起床绝不赖床到7点；说好5点接孩子回家，就不要等到5点半。此外，父母还可以帮助孩子把重要的事用画图、做记号等方式记在日历上，让他们体验按时做好事情的意义。

（2）一定要坚决改正孩子不珍惜时间的心理。

父母一定要用心平气和的对话，联系实际，让孩子意识到“时间”的重要性以及虚度时光、浪费时间的严重性。此外，父母可以用自身的实际情况让孩子明白，在现代这个竞争激烈的信息化社会，时间代表着信用，代表着能力，代表着效率。也可以引用一些名人事例或者名言警句，帮孩子改正不珍惜时间的坏毛病。例如，鲁迅小时候在教室课桌上刻了一个“早”字，时刻提醒自己不迟到，这可以帮助孩子认识到“少壮不努力，老大徒伤悲”的真正含义。

（3）教育孩子学会合理分配时间，形成良好的作息规律。

父母可以和孩子一起做一个时间规划表，规定好什么时间段做哪些事情。短至一天的时间，比如规定5点到5点半看电视，5点半到6点半写作业，6点半到7点半吃晚饭，7点半到8点半自由时间，8点半到9点洗漱，9点上床睡觉，然后把每个时间段都定上铃声，这样就可以让孩子知道每个时段该做什么了。长至一周或者一个月、一个学期的时间安排，到哪个阶段完成哪些事情，从而有助于孩子成为一个有计划、有目标的人。

父母应该提早培养孩子的时间观念，让他们树立高效做事的理念。当今社会，做事拖拉的人没有前途。孩子接触太多东西，同时意

志力不强，所以缺乏自我掌控能力，缺乏应有的时间观念。显然，如果父母在很多事情上迁就孩子，就无法帮他们达成所愿，导致他们为许多事懊恼、后悔。

针对每一件生活琐事，父母要告诫孩子，抓住今天的美好时光，努力学习，才会持续成长进步。时间观念强的孩子效率高，更容易成为群体中的优秀分子，从而利用好美好的年华，不因虚度时光而悔恨，也不因碌碌无为而羞耻。

4. 学会拒绝不良诱惑

新学期开学，老师重新安排座位，漫琦和欣欣成了同桌。两个人成为彼此要好的朋友，一起上课，一起玩耍，每天形影不离。

漫琦是家里的独生女，从小在爷爷、奶奶、妈妈、爸爸的宠爱下长大，性格乐观开朗，待人真诚。她家里的物质条件非常优越，平常都是用最好的书包和文具，经常买新衣服，有很多漂亮的裙子。而欣欣来自农村，平日里爸爸外出打工，大多时间和妈妈在一起，家庭条件不太好，生活非常勤俭，性格比较内向。

一天下午放学后，漫琦不小心把10元零花钱遗落在座位上，而后掉在了地上。过了一会儿，欣欣走过来，发现了地上的钱并迅速捡起。她迟疑片刻后，把钱装进了自己的口袋，心想："反正是捡来的钱，也不是偷的或抢的，把它花了不会有错。"同时，她还自言自语："我正想买一本漫画书。"

欣欣正准备回家，漫琦满头大汗地跑回教室，在座位前后翻找东西，

她问欣欣："我弄丢了10元钱，你有没有看到？"欣欣摇了摇头。无奈之下，漫琦只好难过地回家了。

这一幕恰好被教室后排的同学子怡看见了。第二天来到学校，她将事情的全部经过告诉了漫琦。接着，漫琦找到欣欣，说出了全部事实，结果欣欣羞愧地抬不起头来。就这样，平时关系要好的两个小伙伴产生了隔阂，失去了基本的信任。受此影响，班里其他同学也不愿和欣欣一起玩了。

欣欣无意中发现了地上的钱，受到不良诱惑的影响，作出了错误的决定，结果伤害到了漫琦。随后，她不再被人信任，甚至班上的其他同学也对她心生敌意。相信她对自己当初的行为，肯定悔恨不已。

孩子自控能力差，面对生活中越来越多的诱惑，难免犯下错误。比如，游戏、网络、金钱、追星等会让孩子失去自我控制能力，投入太多时间和精力，给正常的学习、生活带来不良影响。

如果对某些东西失去抵抗力，放弃做人做事的底线，甚至会一失足成千古恨。比如，如何让孩子正确对待金钱，是一门重要的家教课。作为孩子的监护人，家长要让他们明白金钱应该取之有道，培养孩子形成正确的价值观。

（1）帮助孩子形成正确的价值观。

孩子价值观的形成很大程度上依赖父母的平时教育，而对孩子的过分溺爱则会影响孩子价值观的形成。今天，许多三口之家往往以孩子为中心，让孩子主导一切，这显然不利于孩子正确认识家庭关系以及对外界事物的分析和判断。在此，父母要引导孩子学会判断什么是对的，什么是错的，并适时听取大人的忠告。面对外界诱惑，善于从父母那里得到有价值的参考意见。

（2）在日常生活中训练孩子对外界诱惑的自控力。

在日常生活中，父母对孩子必须提出明确的要求，不能做的事情和不该做的事情绝对不允许发生。例如，孩子要做到拾金不昧、适度上网，这些都能潜移默化地帮助他们更加自制。在日常生活中，父母要注意从细节处培养孩子的自制能力，不能因为溺爱孩子，而在孩子犯错时一再迁就。

（3）父母要为孩子做出榜样。

培养孩子拒绝诱惑，并非只在口头上讲道理，应为孩子树立良好的榜样。比如，带孩子到商场购物，抗诱惑力差的孩子见了琳琅满目的商品，可能会提出不合理的要求。父母应该帮助孩子明白哪些要求是合理的（哪些东西是可以买的），哪些是不合理的，并控制好自己过度消费的倾向。在生活的点滴小事中，父母以身作则，就能帮助孩子纠正不良习惯，养成不为外物所动的自制力。

很多不良诱惑妨碍孩子的日常生活，甚至危害他们的身心健康。父母要引导孩子辩证地看待外界的诱惑，正确地分析各种诱惑，才能让孩子健康幸福成长，日后避免心生悔意。称职的父母是孩子的摆渡人，帮助他们完成健康心理的建立以及价值观的塑造，让他们学会正确面对外界的诱惑，茁壮成长。

5．懂得自我保护，做力所能及的事

2005年，南方某镇发生了一起恶性落水事件，几个未成年的孩子全部

被水吞没了生命。原来，几个孩子路过一条河，结果一个小孩不小心掉进水里。另一个小孩急忙跳进水里去救，结果先掉进水里的小孩不但没被救起，去救人的小孩也没有上来。岸上的两位同伴看到这种情形，也急忙跳进水里救人，最后竟然没有一个人生还。

毫无疑问，这是一起让人扼腕痛惜的悲剧，几个未成年人为了救同伴，全部葬身河里，这种教训是异常深刻的。那么，为什么会出现这种情形呢？难道孩子不知道自己无能为力吗，不知道个人能力有限吗？

首先需要明确的是，几个小孩见义勇为的精神是值得提倡和学习的。但是，深入思考不难发现，几个孩子虽然有见义勇为的精神，却不具备见义勇为的能力。显然，后面几个孩子可能不会游泳，即使会游泳，也难以保证能够把同伴救上来，并保证自己没有生命危险。

可以判断，这几个孩子对眼前的危险完全没有正确的判断能力，作为社会的特殊群体，他们在心智和身体发育方面还很不健全，所以，当别人遇到危险情况时，他们只是凭借一种精神去帮助别人，而没有顾及到自己的安全，于是产生了令人叹惋的结果。

在家庭教育中，许多父母意识到了要让孩子做一些家务劳动，避免孩子养成衣来伸手、饭来张口的坏习惯。但是，许多父母在教育问题上容易走极端，在不过分保护孩子的同时，把孩子推向了另外一个反面。比如，让孩子做一些超出个人能力范围的事情，就容易带来消极后果，同样背离了家庭教育的正确方向。

生活中，孩子缺乏自我保护能力，却做出许多危险的举动，这样的情形很常见。父母的确应该教育孩子善于帮助他人，但是这种帮助是有条件

的，那就是对孩子来说必须是力所能及的。孩子只有具备了这种意识，具备了正确思考和判断的能力，才能及时对自己采取的行动将会产生何种结果作出准确的预见。反之，孩子就像拿鸡蛋碰石头，不自量力的做法会给自己带来严重伤害。

推而广之，在教育孩子的问题上，父母应该让孩子掌握正确的判断能力，学会正确评估自己。在教育问题上，父母对孩子期望值过高，这是一个误区。比如，父母为了让孩子考上大学，逼着孩子在高考独木桥上死挤硬拼，一点也不体会孩子的志向和理想，结果给孩子带来了巨大压力。反过来，孩子对自己期望过高，也会带来消极后果。比如，考试成绩没有达到预期目标，孩子很容易心理失落，如果看不到自己的进步，单纯进行自责，则会让自己陷入抑郁状态中，严重的时候还可能引发各种心理疾病。

父母要注意提高孩子辨别是非的能力，根据实际情况决定自己的行动。当孩子的认识能力提高后，他们辨别是非的能力也会相应提高，从而使自己的行为能朝着正确的方向发展。任何时候，正确决策都是正确行动的前提和基础，孩子什么时候不再盲目地想问题，就能做自己应该做的事，并且做出成绩。

写给父母的话

著名作家詹姆斯·米彻纳说过：“人一辈子中所进行的最漫长的旅程就是：找到自我。如果在这一点上失败了，那么无论你找到了别的什么，都没什么意义了。”在家庭教育中，让孩子掌握自己的世界，让他们控制自己的情绪，最重要的就是让他们正确认识和评价自己，这样才能够脚踏实地地学习、做事，才能不断成长、进步。

6. 主动认错，做负责任的孩子

一个周末，爸爸陪魏颖去公园玩儿，玩累了，他们坐在公园的长椅上休息。这时候，有一个拄着拐杖的小男孩从他们眼前走过，身边还有一个大人保护。魏颖一直注视着他，心想他的腿可能是摔断了，来公园散心。

忽然，小男孩的脚下被什么东西绊了一下，一下子摔倒在地上。身边的大人马上弯下腰去扶他。爸爸也站起来，准备去帮助摔倒的男孩。而魏颖当时却突然笑出声来，爸爸回头对她怒目而视。

小男孩好像听到了魏颖的笑声，脸色有点红晕，旁边的大人连声感谢爸爸。这时候，魏颖听到爸爸喊："快过来，给弟弟道歉。"她明白爸爸的用意，但是坐在椅子上没有动。给这个小男孩道歉，魏颖感觉太没面子了。爸爸又喊起来，魏颖只好硬着头皮走过去，对那个小男孩说："对不起。"旁边的大人连忙打圆场："没关系，没关系。"

接着，爸爸和对方告别，小男孩朝远方走了。接着，爸爸转过身来对魏颖说："每个人都渴望被别人尊重，设想如果是你自己，在生活和学习上遇到困难，需要帮助的时候，而别人给你的却是讽刺和嘲笑，你会怎么样？无论将来做什么事情，首先要学会做人，如果你连起码的做人道理都不懂，那有再好的成绩也是一个不懂事的孩子，一个没有教养的孩子。"

说完，爸爸拍了拍魏颖的肩膀说："爸爸相信你刚才不是故意的，但是要敢作敢当，你说呢？"魏颖点点头，以坚定的目光回答爸爸对自己的期许。从此，魏颖学会了主动认错。认错让人能够及时纠正自己在生活、学习上出现的差错，这样自己就会比别人多一份责任感，多一种自我修复能力。

孩子在成长过程中，经常会说错话、做错事，这是因为他们年龄小，其生理机能的发育和心理发展还不成熟。孩子犯了错，父母最重要的是帮助孩子认识错误，改正错误。然而，有的孩子做了错事不肯认错，倔强、执拗，令许多父母头疼。对孩子的这种不良行为，我们应该仔细分析其中的原因，在了解孩子心理的基础上给予正确的教育。

一般来说，孩子不认错大致有下面三种原因：第一，孩子不知道自己做错了事；第二，孩子知道做错了，但是因某种情绪拒绝认错；第三，孩子因为担心受罚，而不敢认错。

大文豪莎士比亚说：“最好的好人，都是犯过错误的过来人；一个人往往因为有一点小小的缺点，更显出他可爱。”培养孩子主动认错的习惯，他们才能从失误中解脱出来，求得内心安宁，并继续把事情做好，避免将来后悔。

（1）培养民主开放的家庭氛围。

孩子虽然年纪小，但是他们也有独立、自尊的愿望，父母要看到孩子的这种心理需求。因此，在日常生活中，在家庭教育中，父母要注意培养民主开放的家庭氛围，善于与孩子展开平等对话，避免给孩子造成过大的精神和心理压力。

当孩子犯错以后，父母要持冷静的态度，分析孩子做错事的原因，本着重动机、轻后果的原则，原谅孩子因生理、心理因素及缺乏经验造成的过失，帮助孩子改正错误。这样一来，孩子才敢于认错。

（2）父母要学会主动向孩子认错。

几乎所有的父母都会教育孩子，要勇于承认自己的错误，但是许多父

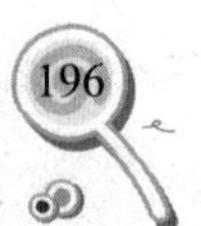

母犯错以后，为了保持自己的权威和尊严，却不愿意在孩子面前认错。然而，孩子看在眼里，会记在心上，父母不敢于承认自己的错误，这种不良形象就会留在孩子的心灵深处，影响到他们的言行。孩子跟父母学，就容易变得拒不认错，使家庭教育变得困难重重。

在父母眼里，孩子勇于认错，才可爱；同样的道理，在孩子眼里，父母有错必改，才值得信赖。研究显示，父母向孩子认错，不仅不会因为认错而丧失尊严，反而会赢得孩子的尊敬；同时，还能以现身说法让孩子明白每个人都会有犯错的时候，认错不是一件丢脸的事情。

(3) 让孩子明白“认错并不丢人”。

许多孩子之所以不愿意、不敢承认错误，是因为他们有这样一种认识：犯错是一种耻辱，犯错的孩子不是好孩子。因此，许多孩子犯错以后就千方百计掩盖错误，没有勇气承认自己的错误。

孩子有了自我观念以后，往往个性很强，让他们知错改错不是一件容易的事。孩子不敢认错，可能是因为害怕承担后果，父母应给孩子一种安全感，告诉孩子每个人都有犯错误的时候，只要改了就是好孩子，避免孩子产生畏惧感。

父母对犯错的孩子总是采取惩罚措施，甚至是粗暴地打骂，往往会让孩子不敢面对自己的错误。孩子犯错以后，第一反应就是掩盖犯错的事实，或者采取逃避策略，这些都容易造成孩子不敢认错的情形发生。也就是说，孩子对犯错有一种恐惧感，加剧了他们的逃避心理。所以，面对犯错的孩子，父母也应分析原因，认真教导，而不应打一顿了事。

第15章　忧郁情绪：爱孩子，就给他一个快乐的童年

成为积极乐观、充满阳光的男孩、女孩，是父母的共同心愿。如果孩子受不良因素的刺激而情绪低落，无法摆脱抑郁情绪的困扰，那么会带来严重的不良后果。营造快乐幸福的家庭环境，孩子才会有快乐的每一天。

1. 及时发现孩子的抑郁情绪

小萌今年8岁了，正在读小学二年级。她性格活泼，冰雪聪明，与家人在一起时比较开朗，但是不愿与陌生人接触，也不愿与同学相处，不喜欢到学校上课。

经过一段时间的观察发现，小萌进入教室就喊头痛、头晕，浑身不自在，注意力不集中，无法正常听课，甚至向同学和老师乱发脾气。但是一回到家里，她就恢复了正常，学习状态也变得好起来。

后来，父母给小萌报了很多课后补习班，并请家教辅导功课，学习成绩稍微有所提升。但是，她始终讨厌学习、讨厌学校，并且在学习上缺乏

自信心。一旦考试失败或者未达到期望，即使父母未加任何批评，她也会痛哭流泪、食欲减退，声称“对不起爸爸、妈妈”，为此曾两次离家出走。

父母非常希望小萌将来能够考上一所重点大学，找到一份理想的工作，过上安稳的生活。因此，小萌从小就接受了“成绩至上”的理念，并为此心事重重，逐渐变得有些抑郁。面对孩子情绪上的变化，父母并没有充分意识到问题的严重性，仍然强迫小萌学习，争取考出好成绩。

后来，小萌心理症状日趋明显，情绪出现失控，甚至有了辍学和自杀的念头，父母才主动找医生咨询，深入了解到了小萌的抑郁倾向。随后，父母向医生学习抑郁症治疗方法，并主动减轻小萌的学习负担，力图尽快缓解孩子的不良情绪，但是效果不太明显。

小萌的抑郁情绪主要原因来自后天的影响，也就是父母施加的学习压力。首先，父母对她要求严格，提出了过高的期望，每天不断唠叨，致使孩子心理压力过重。让孩子参加过多的课后补习班，忽视孩子的休闲时间，这些都给小萌的心理和情绪发展造成了不良影响。

其次，小萌在父母的影响下，变得争强好胜，凡事不愿甘落下风，结果给自己的压力越来越大。父母对孩子期望过高，这种心理失衡也影响到孩子，增大了孩子的学习压力和自我期望值。于是，小萌在课堂上无法集中精力听讲，看到老师和同学就觉得反感，并且症状逐渐加重，导致一进教室就头痛、头晕。

再次，小萌缺乏情绪掌控力，遇到学习压力后失去了自信心，对自己评价很低，形成恶性循环，结果变得日益悲观，无法走出沮丧、忧愁、自卑的旋涡。由于得不到外界的及时帮助，小萌开始自暴自弃，时间长了就

不可避免地产生了日益严重的抑郁情绪。

少儿时期是孩子心理逐步走向成熟的重要时期，受到外界环境的影响会产生各种微妙的心理变化与情绪反应。重视孩子的心理健康教育，帮助他们形成积极、健康、乐观的情绪，是父母的重要职责。

一旦孩子产生抑郁情绪，应该怎样科学引导他们摆脱这种不良状态呢？

（1）创造良好的家庭氛围。

一个温馨、幸福的家可以培养出快乐的孩子。日常生活中，父母对孩子要多加鼓励、劝导，给予他们精神上的支持，帮助他们提高自信心，避免和解除精神上的负担。父母要始终保持积极的生活态度和合理的生活方式，面对困难、挫折时不要唉声叹气。情绪是会传染的，孩子在压抑的环境下生活，难免会让抑郁的情绪乘虚而入。

（2）帮助孩子树立正确的学习心态。

父母要适当降低对孩子的期望值，因为大多数孩子注定是一个平凡的人。因此，别在孩子身上施加太多的负担，应尽量避免把工作、生活中的不良感受和压力辐射到孩子身上。当孩子取得成绩时，父母要及时鼓励、表扬孩子，从而增加孩子做事的积极性。

（3）给孩子充分的自由空间。

每个人都渴望有独立自由的空间，有的孩子遇到不开心的事，喜欢用自己的方法排解，这时家长一定要尊重孩子的隐私，给他们一定的私人空间。此外，父母要注意减轻孩子的学习压力，减少孩子的课后补习班数量，鼓励他们与外界交往，从而保持心灵自由，享受生活带来的快乐。

孩子产生抑郁情绪的原因多种多样，父母要根据具体情况对症下

药，帮助孩子走出成长的艰难时刻。平时多关心孩子，多给他们一些关爱，自然容易走进孩子的内心，了解他们的真实想法，实现良性沟通，保持积极健康的心理。

2. 让孩子远离消极情绪，不自暴自弃

凯凯是一个13岁的男孩，也是大家公认的德智体美全面发展的好学生。他热情活泼，在学校与同学们相处得很好，也备受老师喜欢，并在小学毕业考试中取得优异的成绩，顺利进入一所重点初中。

升入初中后，面对新的环境、新同学和新老师，凯凯难免有一些不适应。有一天，凯凯回家跟父母吵着不去上学了。父母询问原因了解到，原来他在课间与新同学玩飞机模型时吵架了。

小时候，凯凯就喜欢飞机模型，并积攒了蔚为壮观的藏品。这次看到新同学拿着高端的飞机模型，凯凯很不开心，并与同学发生了口角。情急之下，同学伸手推了凯凯的肩膀，也弄坏了凯凯的飞机。老师非常生气，同时责备并处罚了两个人。

父母得知原因后将情况告诉了老师，虽然大家再三劝导，但是凯凯始终不愿去学校。无奈之下，父母又联系了一所学校，希望孩子在那里重新开始初中生活。然而，凯凯还是适应不了新环境。小学期间，他是老师和同学们眼里的优秀分子；此时，他在陌生的环境里，备受冷落，只是大家眼里的一个插班生。

对凯凯来说，融入一个新的班集体有点难度。旧的问题没有得到解

决，又出现了新的问题，凯凯不再是以前那个积极向上的孩子了，变得消极气馁。以前，他热情乐观爱交朋友，现在冷漠悲观更喜欢独处。最后，父母只好让他休学一年，在家调整心理状态。

看到同学拥有更好的飞机模型，凯凯因为失去了在同学眼中的焦点位置而产生了心理不平衡。又因为老师在处理方法上欠火候，凯凯不堪承受批评而情绪产生极大波动，最终导致心理失衡。

从大家羡慕的优等生到受到处分的学生，凯凯在心理上难以接受这个落差。于是，他对教室、课堂产生恐惧心理，情绪低落。转学后，他纠结于自己插班生的身份，无法快速适应新的环境，不能融入新的群体，再次陷入消极、低落的情绪状态，甚至产生了强烈的自卑心理。

从小到大，凯凯都是大家公认的好学生，成长过程一路顺利，没有经历过挫折。显然，他心理比较脆弱，受不了挫折的刺激。如果提前有心理准备或许就会顺利度过小升初这个过渡期，但是父母没有帮他及时摆正心态。显然，如果凯凯心理承受能力强一些，能够远离烦恼、失意、焦虑、敌意、愤怒、恐惧等这些消极情绪，那么结果也不会如此令人惋惜。

在上面的故事中，除了凯凯自身的原因和在学校不可逆转的遭遇外，父母也承担着很大责任。在现实生活中，父母应该时刻关注孩子的心理状态，一旦发现孩子有消极情绪时，应及时帮助孩子疏导不良情绪，帮助他们减少心理压力。

如果父母能和孩子经常沟通，了解孩子的内心感受，在孩子遇到困难时帮助其面对和解决，那么孩子就会表现出更多的积极情绪，成长为乐观阳光的人。相反，如果家长缺乏对孩子精神世界的关注，漠视孩子的消极情绪，或者过度担心、一味指责孩子，那么他们在生活中则会沉浸在消极情绪里，无法自拔。

因此，当孩子产生某些消极情绪时，不要责怪孩子，要让他们感受到来自父母的关心和理解。此外，耐心地告诉孩子产生一些情绪低落状态是正常、合理的，应给予孩子充分的时间表达消极情绪，然后找到积极应对的方法，从而帮孩子走上健康成长的道路。

（1）引导孩子适度宣泄情绪。

过分压抑只会让孩子的消极情绪困扰加重，而适度宣泄则可以把不良情绪释放出来，从而使紧张、焦虑等情绪得以缓解。因此，孩子产生不良情绪时，最简单的办法就是“宣泄”。父母可以鼓励孩子尽情地向亲朋好友倾诉自己的不平和委屈，或是通过听歌、看电影、散步等休闲方式来缓解内心的不良情绪，也可以通过游泳、打球、跑步等体育运动的方式来尽情发泄内心的不满。一旦发泄完毕，心情也就随之平静下来。

（2）教导孩子情绪调节的方法。

首先，父母可以帮助孩子学会自我鼓励，用某些哲理或某些名言安慰自己，积极与痛苦、逆境作斗争，这种自娱自乐的方法可以让情绪好转。

其次，还可以通过语言调节法帮孩子走出不良情绪的旋涡。语言是调节情绪的强有力工具，如通过朗诵滑稽、幽默的诗句，可以消除悲伤情绪。

再次，可以借助环境制约法远离失落情绪。比如，孩子情绪压抑的时候，到风景优美的地方散心能让人心情平静，心情不快时到娱乐场做游戏能使人消愁解闷。

最后，可以通过注意力转移法帮助孩子把注意力从消极方面转移到积极、有意义的方面来，让心情豁然开朗。例如，当孩子遇到苦恼时，可以将它抛到脑后或找到光明的一面，从而消除苦恼。

（3）为孩子营造良好的情绪氛围。

父母要尊重孩子，不能只重视孩子的学业，而压抑孩子的其他爱好和

娱乐活动。为孩子建立轻松、愉快的家庭环境，为孩子营造祥和、宽松、安定、温暖的家庭氛围，对孩子的成长至关重要。良好的情绪氛围能让孩子的消极情绪充分释放，使孩子的心境渐渐变得平和。此外，父母要和善待人，搞好邻里关系，给孩子做出榜样，帮助孩子创造与同伴交流的机会，使孩子的身心得到和谐发展。

情绪无所谓对错，只有表现的方式是否恰当。父母要学会接纳孩子情绪表达方式的多样性，帮助孩子将消极情绪转化为积极情绪。唯有正视情绪表达的所有方式，孩子才能收获积极、良好的情绪，让身心健康成长。

3．培养孩子的快乐情绪

心雨在学前班的时候就很胆小、懦弱，不论遇到什么事情，总是踌躇害怕，不敢去做。后来上了小学，她的胆子还是特别小，平时多愁善感、沉默寡言，有一点不开心的事情就会闷闷不乐一整天。

时间长了，跟心雨一起玩的小朋友都渐渐疏远了她。心雨经常一个人独处，有什么心里话也藏在肚子里，不向别人倾诉。就这样，她变得越来越敏感脆弱，内心很容易受伤，经常一个人落寞地跑回家。

心雨的父母非常着急，不知道女儿为什么会这样，更不知道该怎样帮助女儿解决情绪低落的难题，于是就去咨询心理专家。专家说：“父母要向孩子传递正能量，要多抽出时间来陪伴孩子，带他们体验生活。生活中，父母不仅要让孩子看到世间美丽的风景，更要让他们看到凡事都有乐观的一面，任何问题都能解决，任何矛盾都能化解，多跟孩子说‘没关系’‘相信你’‘你能行’……”

一次期中考试，心雨成绩不太好，回来哭着告诉爸爸。爸爸不但没有埋怨指责，反而为心雨擦干眼泪，安慰她：“没关系！要对自己有信心，一次失败并不代表什么，继续努力，下次一定会考好。”接着，爸爸打开试卷帮助心雨改正错误，找到不足的地方耐心讲解。心雨听到爸爸的安慰，放松了很多，很快就走出了失落的阴影。

还有一次，心雨悄悄告诉妈妈：“想跟同学娜娜一起玩，却不知道怎么开口。”妈妈主动打电话邀请娜娜来家里一起玩，娜娜欣然接受。娜娜来家里后，非常喜欢心雨妈妈准备的饼干、水果，和心雨开心地玩起来，心雨度过了快乐的一天。

慢慢地，心雨放下了心中的负担，负面情绪也释怀了许多，自信心增强了，性格也乐观开朗起来。

心雨脆弱的性格是由于在成长过程中没有从外界得到充分的肯定与赞扬，从而缺乏自信，变得胆小怕事。后来，她的性格发生转变，得益于父母的理解和培养。

父母要为孩子营造舒服愉悦的氛围，让孩子加强对自我的肯定，经常表扬孩子，遇到问题多给孩子建议，让他们增强自信和勇气，有助于他们坦然面对学习和生活中的各种难题。相反，如果孩子遇到问题，父母一味地指责、唠叨，不但没有任何帮助反而会适得其反。父母应每时每刻为孩子营造健康快乐的环境，将孩子带进快乐情绪里。

（1）正确认识孩子的情绪。

孩子的喜怒哀乐通常是很直接的，也十分强烈，往往直接影响着他们的行为。一些被父母忽略的琐事中，常常隐藏着孩子的情绪波动，甚至引起情绪的“海啸”。父母要学会以一种平和委婉的方式教育孩子，关爱、激励孩子，让他们不断感受到生活的智慧，在不断的碰撞、跌倒中勇敢前行。

（2）学会欣赏和赞美孩子。

赞美的效果远远超过人们的想象，父母是孩子最爱的、最信赖的人，赞美孩子会让他们受到鼓舞而倍加努力。父母表扬和赞美孩子时，言语、神情会让孩子得到积极的暗示，从而帮助他们自信地朝着这个美好的期待发展；等他们取得了一些进步，就对自己更有信心了，也更信赖父母的评价，获得积极成长的力量。

（3）给孩子一个充满爱与快乐的环境。

父母不仅要懂得科学地养育孩子，还要注意给孩子一个有爱、有欢笑、有关怀的成长环境，这样才能培养孩子具有平衡的心态，从而变得自信、勇敢、独立，懂得与人沟通。父母关心孩子，真心地爱孩子，赞赏、激励、支持孩子，为孩子提供温馨、和谐的家庭情感环境，他们就会感到愉快和幸福，能够以乐观的态度面对生活。

写给父母的话

孩子情绪愉悦能促进身心发展、思维发育，形成良好的性格和高尚的情操。父母培养孩子快乐的情绪，要注意尊重孩子的选择，了解孩子的情绪变化，理解孩子的心理需要。当孩子遇到困难、遭受挫折、犯下错误时，要给予孩子宽容和理解，帮助他们学会正确地处理问题。

4. 快乐的家庭孕育出自信乐观的孩子

小萱今年上小学三年级，是一个品学兼优、关心同学、热爱集体的孩子。然而，半个月前，她忽然情绪低落，对任何事物都失去了兴趣，变得沉默寡言。

班主任张老师发现，小萱不喜欢与同学一起玩耍打闹了，上课也不认真听讲，成绩直线下降。了解到这种情况后，张老师就对小萱进行了家访。原来，小萱的爸爸妈妈前一段时间经常吵架，两人已经协议离婚，因此导致小萱出现悲伤情绪。

从小到大，孩子接触父母最早、最多，受家庭的影响最深。父母突然离异，孩子失去了曾经熟悉和依赖的环境，失去了快乐的源泉，少了父母亲密无间的关爱，让家庭的温馨大打折扣。在家庭突然发生变故的情况下，孩子很容易出现消极的情绪和不良的情感反应，如情感脆弱、容易激动、焦虑暴躁、缺乏安全感、情绪不稳定等，无法开心快乐地学习和生活。显然，这样的孩子渴望得到别人的关注和关心。

如果上述情况得不到改善，孩子就会做出一些过激行为，比如自暴自弃、与朋友吵架、离家出走等。受此影响，孩子的性格也会发生改变，变得孤僻懦弱，胆小自卑，甚至导致性格缺陷，影响到一生的成功与幸福。

小萱之所以性情大变，就是因为父母离婚的缘故。家庭的破碎使小萱远离了母爱或父爱，失去了原来温暖、和睦的家庭，在伤心与失望中自然

变得自卑、敏感。

毫无疑问，正是家庭生活环境的变化让小萱心理失衡。父母离婚或变故，会让完整的家庭支离破碎，这对孩子的情绪影响极大，极具杀伤力。

家庭是孩子接触的第一环境，它会给孩子人格的形成打下难以磨灭的烙印。良好的家庭环境能让孩子健康茁壮成长，使孩子活泼、自信，伴之终生的则是乐观、开朗。苏霍姆林斯基说得好："童年时代得不到温暖和欢乐的人，长大以后就会成为冷酷无情的人，还会走上犯罪的道路。"这正是说明了家庭对孩子健康成长的重要性。

那么，作为孩子的第一任老师——父母，应该如何为孩子创造一个健康成长的家庭环境呢?

（1）让孩子感受到家庭的温暖氛围和父母的爱。

和谐的家庭关系表现在家庭成员之间要和睦相处、相互体谅、互相尊重，时刻让孩子感受到家庭的温暖。如果夫妻恩爱，相敬如宾，尊老爱幼，教育子女的观点又能保持一致，孩子在家庭里就能受到良好的教育和照顾，他们就能心情舒畅地去生活、学习。反之，如果父母之间矛盾重重，家庭"战争"频繁出现，孩子的心灵就会受到创伤，这必然会影响孩子的身心健康与智力发展。须知，愉快、轻松、和谐的家庭氛围有利于孩子的健康成长。

（2）让孩子享受到民主平等的地位。

父母只有平等地对待孩子、尊重孩子，家庭中才有可能有一个宽松愉快的氛围。孩子在民主、平等的氛围中生活，精神上没有压力，才能从内心感到快乐。家长跟孩子的关系应既是长辈，又是朋友、伙伴的关系。父母与孩子之间要经常进行思想沟通，比如经常与孩子谈论在学校的学习情况，家里有什么重大决定时要让孩子也参与讨论，认真耐心地听取孩子的意见及要求，都有助于提升孩子对家庭的归属感。

（3）让孩子享有自己的活动空间。

家长在装修房屋时应给孩子留有自己的空间，为他们创设一个相对独立的可以独处的空间。并且，这个空间的布局以及家具的设计、摆设必须充分考虑儿童的特点。在孩子眼里，这个小天地是自己独有的，可以尽情玩耍与思考。此外，父母还要留给孩子一定的心理空间，不要事事干涉，打扰孩子的想法，扰乱他们的心情。研究表明，父母不可过分管控和监督孩子，因为苛刻会挫伤孩子的自尊心和自信心。

年幼的孩子需要父母的陪伴，偶尔和孩子一起到公园放飞风筝，或者陪孩子一起制作昆虫标本，或者在临睡前和孩子一起讲童话故事，都能让他们感受到父母的爱，产生无比的满足感。做到这一点，父母就容易走进孩子的内心世界，了解他们的想法与需求，而且也能增进亲子间的感情。

5. 用幽默化解与孩子的心灵隔阂

罗思语是一名7岁的小男孩，非常调皮好动，生活中喜观搞恶作剧，鬼点子也非常多。一次，父母的朋友来家中做客，爸爸拿出了珍藏多年的法国葡萄酒，准备与朋友一起品尝。

当时，罗思语与父母、客人们围坐在一起，爸爸把提前醒好的葡萄酒给客人倒上，客人喝下后却面露难色。看到这种情景，爸爸立刻品尝了一口，脸色骤变。葡萄酒？这分明是掺了酱油。

原来，罗思语看到爸爸把酒倒入醒酒器，便又往里倒进了酱油和水。本想开个玩笑，没想到爸爸非常生气，瞪着眼睛说：“简直是胡闹！太不懂事了，再不听话就打得你屁股开花。”看到爸爸铁青着脸，罗思语害怕地哽咽起来。

看到儿子正要哇哇大哭，妈妈低头一笑，走过来轻轻拍了一下罗思语的屁股说：“真的吗？我打了你的屁股，会开花吗？会开出什么花来呢？”罗思语听完破涕大笑，在场的客人们也哈哈大笑了起来。结果，紧张的氛围因为妈妈幽默的语言化解了，现场顿时重新回到了轻松愉悦的状态。

“打得屁股开花”是一句很平常的俗语，妈妈从中感受到了幽默，营造出了有趣、轻松的氛围，不仅消除了孩子的恐惧，也化解了父亲的怒火，融洽了彼此之间的关系。

家庭教育常常会存在一些误区，比如“棍棒底下出孝子”“慈母多败儿”对现代儿童教育并不可取。事实上，怎样和孩子交流是一门艺术，家长在和孩子沟通时多运用自己的幽默感不仅是一种智慧，更是家庭和谐的表现。

研究发现，在一个幽默、轻松的氛围下成长起来的孩子自然会养成活泼、热情、开朗的个性。相反，在一个压抑的、严肃的气氛下成长起来的孩子，会产生自闭、压抑的情绪。国外很多机构都相当重视培养孩子的幽默感，父母在对孩子进行启蒙教育的时候，善意地开一些小玩笑，鼓励他们说一些有助于拉近人与人之间距离的俏皮话，能培养孩子乐观开朗的个性。

沟通中适当地加入幽默感，是培养孩子良好性格的关键一步。孩子犯错误的时候，父母可以表现出严肃的一面，但是同样也可以采取温和的手法达到教育孩子的目的。一味地训斥孩子，事实上并不会让他们意识到自己的错误，善于用一些幽默的小伎俩，让孩子在认识到错误的同时不留下心理阴影，对于家庭的和谐、孩子的教育更有益处。

总之，“欢乐是会传染的”，父母与子女间的点点欢笑都会化为凝聚家庭生活的一种力量，让人倍感珍惜。

（1）家长首先要学会幽默。

很多时候，幽默的父母会培养出幽默的孩子，因为父母风趣的语言和行为会潜移默化地影响孩子成为一个乐观的人，增加其在人际交往中受欢迎的指数。比如，父母夸张的笑脸和动作极具亲和力，和孩子玩捉迷藏时从门后面突然伸出脑袋或对孩子的“杰作”做出夸张的表情，都会令孩子兴奋不已。

（2）观察分析，寻找生活乐趣。

讲几个笑话，笑几次，并不能称为幽默感。培养人的观察能力、分析能力和想象能力，进而才能产生幽默感。孩子要想在幽默中成长，首先要懂得什么是真正的幽默，不只是笑一笑，还要关注幽默背后丰富的内涵和无限的外延。

（3）对待孩子的错误，适当采取幽默的方式进行引导。

孩子犯错误时，父母不应总是用斥责与惩罚的方式教育孩子，不要让他们担心受到惩罚，那会让他们变得胆怯。让孩子在认识到错误的同时，还能够破涕一笑，其效果往往比板起面孔训斥孩子要好得多。总之，父母多一分幽默，孩子就多一分快乐；父母多一分欢乐，孩子就多一分力量。

写给父母的话

父母经常用幽默的语言和孩子沟通，双方在欢笑的情境中交流，有利于化解孩子的“防御”心理，有利于营造一种轻松愉快、自由自在的家庭氛围。幽默是一种无形的力量，可以消除父母与孩子之间人为产生的紧张情绪，减少孩子对父母的抗拒与逆反，从而让家庭教育寓教于乐，培养孩子成为一个乐观的人。

第16章　猜忌情绪：孩子应对这个世界多一份信任

失去对外界的信任，孩子会失去一切帮助，无法与周围的人和事和睦相处。充分信任孩子，给予他们必要的支持和理解，孩子就会改掉说谎的毛病，获得安全感。

1. 分享情绪，才能亲近孩子

小鹿的爸爸是一名现役军人，对儿子有着严格的要求和期盼。虽然是一个男孩子，但是小鹿从小性格内向，腼腆害羞，在他身上看不出爸爸要求的军人所具备的刚硬挺拔、英姿飒爽的影子。

爸爸坚持认为，男孩子应该勇敢刚正，勇往直前。如果小鹿玩耍时不小心摔伤了膝盖，回到家跟妈妈哭鼻子，爸爸反而会斥责他：“男子汉大丈夫，因为这点小伤就掉眼泪，一点也不坚强，赶快闭嘴。”

不仅如此，爸爸还为小鹿制订了一份学习计划。学校的课结束后，小鹿要立刻去上英语补习班，然后回到家吃晚饭，接着上2个小时围棋

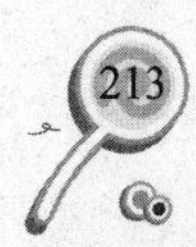

课。周六上午，小鹿要学习跆拳道课程，下午要学习奥数课程，周日上午在家写作业，下午还要参加两个小时社区活动。每一天，小鹿都有许多事要做，到了暑假还要参加夏令营活动，参加与外国小朋友的交流合作活动。

一段时间以后，小鹿不仅毫无学习兴趣，而且身体明显吃不消了。他与父母沟通，说明自己的感受，但是得不到积极的回应。内心的情绪无人感知，小鹿渐渐变得沉默寡言，平日里几乎不怎么说话。

直到有一天，父母接到老师的电话，说小鹿没到学校上课，孩子逃课了。晚上，小鹿回到家，父母对他又打又骂。第二天早上，父母发现小鹿不见了，一封信摆在床头，“爸爸妈妈，我累了，不想学习了。你们虽然生下我，但我并不是你们的玩具，我需要自己的空间”。父母立刻慌了，这才意识到对小鹿的要求太高，忽视了孩子的感受。

后来，父母找到专家咨询，并在专家的指导下改变了关爱孩子和教育孩子的方式。凡事都站在孩子的立场上，分享孩子的情绪，显然有利于实现良好的亲子沟通，避免双方互相猜忌。

父母不能了解孩子的情绪，不能及时分享孩子的喜怒哀乐，自然无法得到孩子的理解，甚至会伤害孩子脆弱的心灵，让他们紧锁心门。相反，如果父母懂得了解孩子的情绪变化，成为他们的知心朋友，双方就能建立亲密的互信关系。

如果父母在得知小鹿逃课的情况下，没有打骂和责罚孩子，而是试着从孩子的角度想一想，分享一下孩子的愤怒、委屈的情绪，然后正确地引导孩子，那么就不会出现小鹿离家出走的结局。

世界上所有的父母都望子成龙，望女成凤，希望孩子能成为有用的

人才，能过上幸福无忧的生活。为此，他们倾尽一切让孩子受到最好的教育。然而，很多父母在按照自己的意愿要求孩子，不顾及孩子的心理需求，忽视他们的情绪变化。结果，孩子不理解父母的苦心，父母也不了解孩子到底在想什么。这样发展下去，孩子与父母唱反调，对双方来说都是一种极大的伤害。

为避免这样的不幸发生，科学的方法是关注孩子的情绪发展，分享孩子的情绪，理解孩子。良好的亲子关系充满信任，互相体谅。为此，父母要对孩子的遭遇感同身受，善于站在孩子的角度思考问题。

(1) 多和孩子沟通，了解孩子的情绪。

人们尚在幼年时，无论情绪是好是坏，都希望有人能和自己一起分享。此时，父母就扮演着倾听者、分享者的重要角色。放下架子，站在孩子的立场上考虑问题，多和他们沟通，你就是称职的父母。

(2) 与孩子交流内心感受，并提出行动建议。

当孩子遇到难题时，父母可以主动描述出孩子的心情，直接说出他们流露出的情绪。比如，“我看到你很不开心，能和我说说吗？”让孩子知道你在尝试着理解他，在表达关爱，自然容易获得他们的信任，建立良性沟通的渠道。

分享孩子的情绪，才能更好地亲近孩子；分享孩子的情绪，才是真正地爱孩子。当孩子愿意和你分享时，代表着他们愿意亲近你，愿意向你敞开心扉。此时，父母要真诚地倾听孩子的心声，并做出积极的回应，得到孩子的理解和认同。

2. 独立性强的孩子更自信

康宁上小学四年级，是一个依赖性很强的孩子。每天晚上，他都要与妈妈同床睡，即使上卫生间也要妈妈陪在外面。做功课的时候，他更加依赖妈妈，遇到任何问题都需要让人解答。显然，康宁独立性很差，缺乏自信，因此应变能力很差。

妈妈说，康宁从小就比别的孩子更娇气一些，不仅胆子小，而且身体也不大好，所以家人对他很娇惯。上幼儿园的时候，家人总是很晚才送康宁到学校，并最早接回家。上小学的时候，康宁还不会系鞋带，甚至洗脸也要妈妈代劳。但是，家里有明确的分工，爷爷负责上学接送并背书包，奶奶负责饮食包括喂饭，爸爸负责买东西，妈妈负责功课和起床睡觉等一系列事情。

总之，康宁是家里的中心，所有的人都围着他转，忙得不可开交。因为自理能力差，对外界依赖性强，康宁不懂得如何与他人打交道，总是保持观望的态度。无论对自己，还是对他人，他都缺乏基本的信任，一副我行我素的样子。

后来，父母意识到不能骄纵孩子了，于是在老师的建议下，开始减少对康宁无微不至的照顾，让他独立完成日常琐事。渐渐地，康宁能独立完成许多事情，变得越来越自信了，与他人也建立了广泛的友谊，摆脱了对父母的依赖。

康宁从小缺乏独立性，以至于生活无法自理。归根结底，造成这种极强依赖性的主要原因是父母过度溺爱，结果孩子不仅失去了独立空间，也变得极其不自信。

如果不及时改变懒惰、依赖的习惯，孩子就会在各个方面失去自主能力，既不相信自己，也无法充分信任他人。经验表明，独立性强的孩子更有主见，更能独当一面，在学习、生活中充满朝气，达成所愿。因此，父母要重视在日常生活中培养孩子的自理能力，促使其早日自立。

（1）让孩子做力所能及的事情。

独立的孩子是在实践当中培养起来的。凡是孩子能做的事情，就让孩子自己做，不要代替他们行动。孩子长到2～3岁的时候，就有了“凡事自己完成”的强烈要求；此时，父母要满足孩子这种独立的愿望，通过因势利导帮他们完成学习任务，做一些简单的家务。比如，让孩子独自吃饭，自己穿脱衣服，养成收拾玩具的习惯等，孩子的独立性慢慢在这个过程当中就培养起来了。

（2）培养孩子逐步思考的能力。

培养孩子逐步思考的能力，就是勤动脑，不仅要孩子自己独立动手去做事，还要让他们独立思考问题。常常看到有些家长不厌其烦地回答孩子的问题，给他们耐心讲解，利用一切时间来丰富孩子的知识，却忽略了培养孩子独立探索世界的机会，忽略了培养孩子独立探索问题的能力。除了家长单方面输入外，实际上培养孩子获取知识的能力，比给他脑子里装很多知识更重要。

（3）培养孩子克服困难的精神。

在养成独立性的过程中，孩子会遇到很多困难，需要付出很大努力。

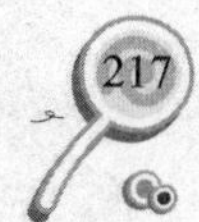

有的孩子遇到困难就放弃了，父母则包办代替，这显然无助于培养孩子克服困难的精神。生活中，一定要鼓励孩子克服困难，坚持完成任务。方法总比问题多，只要坚持勇往直前，孩子就能在行动中突破难关，增强自信。

写给父母的话

孩子的独立性是在动手操作过程中形成和发展的，没有锻炼和实践的机会，这种独立性就无从谈起。为此，父母必须在行动上解放孩子的手脚，为他们提供各种各样的实践机会，练习独立思考和决断。孩子有了独立能力，才能更自信、更乐观、更坚强地面对未来。

3. 父母要明白孩子为什么说谎

李倩今年4岁了，妈妈发现她最近似乎爱撒谎。比如，周日这一天，她对妈妈说："肚子很痛，明天不去幼儿园了！"而她的真实意思可能是：幼儿园里的同学经常欺负我，回到幼儿园后又要活受罪了。

有时候，同桌向李倩借橡皮，她却说："橡皮擦有一股怪味，我将它收起来了。"而她背后的真实意思可能是：妈妈常骂我写字马虎，我要留着它自己改正错误。总之，这个年龄段的孩子开始答非所问，内心隐藏其他想法。

对父母来说，与这个年龄段的孩子沟通变得复杂起来，不能只听他们表达出来的字面意思，还要揣摩话语背后的潜台词，分析孩子说话的弦外之音，从而透视孩子的心灵，解除他们的焦虑、猜忌心理。

从某种意义上说，每个人都有过撒谎的经历，但是在家庭教育中，父母应该明白孩子为什么撒谎，并引导他们做一个诚实守信的人。

一般说来，孩子撒谎会因为年龄差异呈现出不同特征。其中，2～3岁的孩子在认知和语言能力方面的发育不成熟，还不能看出自己的言行之间的直接关系，所以常常无意识地说谎。4～5的孩子往往为了躲避父母的惩罚，或者得到自己想要的东西而说谎。至于更大一些的孩子，往往是个人独立意识增强以后，有了个人隐私，他们为了保护隐私才说谎。

此时，如果父母不了解子女面临的困难，反而认为这年纪的孩子应该是最快乐的，势必影响孩子将内心感受说出来，于是出现口不对心的情况。这并不表示孩子爱说谎话，而是另找借口以掩饰心中的烦恼。

显然，父母不能简单地把说谎看作一种不良行为，而要分析其中的原因，才能采取正确的做法，把家庭教育搞好。正如《孩子为何说谎》的作者、美国儿童教育专家波尔·艾克曼说的那样："孩子不诚实有多种原因，有的可以理解，有的不可以。"当孩子为了不伤害某人的感情而说谎时，这种谎言就是善意的，我们应该理解孩子的良苦用心，而不必对他们加以斥责。

当发现孩子撒谎时，父母不必如审问犯人一样，追究孩子或逼迫孩子。曾有心理学家说过："说谎是因为怕说真话而挨骂的避难所。"孩子一方面被教导"不可说谎"，一方面亦确曾因说实话而遭责骂，这种结果，是孩子因自卫而撒谎的主因。

发现孩子说谎，父母要冷静对待，不要一副谈虎色变的样子。这时

候，父母应耐心地加以引导，让他说出真情来，帮助孩子分析问题，告诉他没有掩饰真情的必要，要信任父母，以后有什么想法要告诉父母，父母也会重视他的想法。

“对重要问题撒谎，使父母处理起来更困难，撒谎作为一个问题就更严重。撒谎腐蚀了人与人之间的亲密关系，滋长了不信任，损坏了互相信任的关系。说谎意味着不尊重被骗对象。使得与经常撒谎的人在一起生活几乎变得不可能。”为此，父母就要采取有力措施帮助孩子改正撒谎的恶习，把他们塑造成一个诚实守信的人。

在这里，我们需要着重分析的是孩子恶意撒谎的情形，以及这种行为背后的深层次原因，明白了这一点，才能有针对性地帮助孩子培养起诚实的品格。从家庭教育的角度来看，孩子撒谎与下面两个问题有很大关系：

（1）父母与孩子缺乏沟通，孩子为了掩饰自己的想法和烦恼而撒谎。

随着年龄增长，孩子的情感日益丰富起来。当自己的需要不能被满足时，他们就会公开表达自己的不满，比如哭闹；而当父母对孩子这种行为加以拒绝时，孩子就放弃原来的做法，会把自己的感觉隐藏起来。于是，孩子就多了一些沉默，逐渐学会把困扰的情绪埋藏在心底。如果父母不能感受到孩子的这种变化，孩子也不愿意把自己内心的真实想法说出来，那么当双方交谈的时候，孩子就会找借口以掩饰心中的真实想法，表现为说谎。

（2）父母经常说谎，孩子在这样的家庭中容易受到影响。

研究表明，经常说谎的孩子往往出自父母经常说谎的家庭。而当父母对孩子关爱不够的时候，孩子也容易说谎。显然，这都是家庭的因素。因此，美国的教育专家建议，应该在家里不断地谈论诚实的重要性。为了保证使诚实成为孩子道德教育的一部分，父母可以读一些改善家庭环境的优秀图书，注意改善自己的不良言行，对孩子表现出应有的关爱。

在许多情况下，孩子说谎是不得已而为之的，而有时候父母就是孩子撒谎的帮凶。因此，培养孩子诚实守信的美德，父母必须把精力放在如何避免孩子日后再次说谎上来。当孩子撒谎以后，父母应该消除孩子的紧张情绪，心平气和地告诉孩子说谎的危害性，并在适当的时候保持一份“难得糊涂”。

4. 让孩子说“我会自己想”

李小菲是初一的学生，他的数学知识掌握得特别好，被选为学校的代表和其他几个同学参加市里的数学竞赛。爸爸和妈妈非常高兴，为她准备了行囊。但是，最近班里有人对李小菲议论纷纷，说她“出风头”“不照照镜子，看看自己是不是那块料”，本来就有点内向的她听了这些风言风语，不禁犹豫起来。李小菲早就担心自己能不能取得好成绩，如果比赛回来成绩不好，那多没面子啊。

害怕的李小菲最终向学校提出退出竞赛。可是，又有人议论她是“胆小鬼”“根本就没能力参加数学竞赛”。而老师在了解到情况后，也劝她不要有顾虑，重要的是积极参与。受到鼓舞的李小菲于是又决定参加竞赛。谁知道，又有人说：“她代表咱们学校去竞赛，要是砸了，看她怎么见大家？”

就这样来来回回折腾了好几次，李小菲最终宣布彻底退出竞赛，还病了一场。李小菲不善于在关键时刻“独断”，结果丧失了难得的竞赛机会，而犹豫不决的个性则扰乱了她的心性，影响到正常的学习和生活。

一般来说，对自己不知道的事物，既不可轻信，也不可不信。轻信他人的话，就会让自己失去独立思考的能力，甚至传递错误的消息；如果不相信他人的意见，又会让自己闭塞起来，得不到丰富的信息。

在教育孩子面对外界信息和事物的时候，应该让他们学会分析判断，必要的时候进行调查研究。这样一来，孩子才能成为一个有主见的人，学会正确判断，掌握自己的学习和生活。

许多孩子和父母都看过这样一个动画片：一个老翁卖货归来，他让孙子骑驴，自己步行。路上的人责备孩子不该自己骑驴，让老人步行。他们赶忙交换了位置，可又有人说老翁太狠心。老翁忙把孙子也抱到鞍上，俩人一同骑驴。这时又有人说他们太残忍，快把驴压死了。无奈，他俩只好步行，不料又有人取笑他们有驴不骑是傻瓜。老翁长叹一口气，对孙子说：“看来，咱俩只好抬着驴走了。”

这是根据印度的一则寓言改编的动画故事，讽刺缺乏主见的老翁。其实，在生活中，孩子处理身边的事情时也常常举棋不定。父母要引导孩子学会正确决策，否则就容易成为一个优柔寡断的人，难以成就大事。

在成长过程中，必须培养孩子有主见的个性。特别是在一些关键问题上，进行最后决断的时候，孩子更要依靠自己的判断决定取舍，而不能听从他人的见解；否则，不能形成一个准确的判断，任何事情都无从开展。

“凡谋事贵采众议，而断之在独。”孩子从小不具备行事果断的作

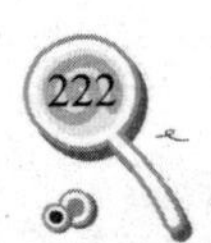

风，那么长大后也很难抉择。失去了选择的能力，结果将是碌碌无为，一事无成。

父母要从小注意培养孩子自己思考问题、正确决策的习惯，帮助他们掌握决策的技巧，让孩子学会“我会自己想”。在鼓励孩子独立思考方面，父母有很多事情可以做，最简单的就是倾听孩子叙述自己的想法。尽管孩子的想法常常是天真、幼稚，甚至可笑的，但是父母一定要克制自己纠正孩子意见的想法，而应抓住孩子谈话中有趣的、有见解的论点，鼓励他们深入阐述下去，让孩子获得思考的乐趣，增强他们探索的信心，并培养孩子有主见的个性。

一般来说，孩子迈出第一步都是需要勇气和锻炼的。在这里，父母要培养孩子独立思考的习惯和自信心，才能让孩子善于思考问题，敢于大胆想象。比如，父母要鼓励孩子编故事、讲故事。美国著名的儿童智力发展研究专家——简·海丽特在《如何更聪明》这本书中认为：“鼓励孩子编故事对孩子不仅是一个语言训练，更重要的是帮助孩子运用自己的想象与推理能力，得到出人意料的结论。”

此外，父母还要给孩子各种“表演”的机会，让孩子多参加各种集体活动。孩子如果生性腼腆，羞于出头露面，那么他们就难以表达个人想法，甚至产生自卑心理。在这种情况下，父母可以让孩子多参加一些业余的表演训练、学校组织的演出或者家庭举行的歌唱晚会，从而增强孩子表达的自信，让他们敢于大胆思考和想象。关于这一点，是有心理学依据的。心理学家特别提出“表演对增强人的自信与自在能力的作用”。

让孩子成为有主见的人，就是让孩子掌握自己的世界，让他们明白“成长必须靠自己”。道理很简单，当孩子学会了控制自己的世界

以后，就能以更高的创造力和自我指导能力把学习搞好，更融洽地与人相处，早日成熟和独立。

5. 理解并尊重孩子的隐私

雅文今年上初一，妈妈知道孩子长大了，越发担心起来。周末的早上，妈妈给女儿收拾书包时发现了一封信，竟然是一个男生写给女儿的情书。当时，妈妈立刻蒙了，既气愤又无助。

事后，妈妈对爸爸说：“当时我愣了半天，想立刻好好教育一顿女儿，但又怕适得其反。我又悄悄地将那封信放回了女儿的书包内。这件事压得我好几天睡不好觉，但是依然想不出好的解决办法。”

后来，妈妈在给女儿换床单的时候，无意中发现了女儿的日记。原来，雅文接受了那个男生的爱，两个人正在热恋。妈妈看到这一幕，感觉好像发生了地震，非常生气，又很害怕。晚上，雅文回来了，妈妈就开始责备她，接着母女二人冲撞起来……妈妈更生气了，冲动之下说了许多难听的话。

第二天，妈妈不放心，又跑到学校对班主任说了这件事情，让老师好好盯着孩子，千万别因此耽误了学习。后来，老师找到这两个孩子谈心，结果同学们都知道了这件事。雅文感觉很没面子，竟然服安眠药自杀，幸亏发现得早才躲过了一劫。

情绪分析

很多父母抱着传统的观念，摆出一副权威的样子，认为孩子的一切都属于自己。这种不把孩子当一个拥有完整权利个体的错误观念，会导致个人和社会很多不良的后果。

随着孩子年龄增长，父母应该尊重他们的所有权利。比如，父母进入子女房间应该先敲门，移动或用孩子的东西应该得到允许。任何牵涉到子女的决定应该先和对方商谈，不要随意翻看子女的日记或隐私。

父母偷看孩子的日记或信件是不对的，但是为何控制不住自己呢？是好奇？是为了抓住子女的把柄吗？下面听听一位母亲的心声。

“我想了一整天，最后决定真诚地跟女儿谈：爸爸妈妈文化程度都不高，上学的事只能靠你自己。将来能上大学当然好，即使考不上大学，做一个普通劳动者也没什么不好，重要的是自己适应就好。只要努力了，就是成功，只要对社会有贡献，就是成功。谈过之后，见她人也精神了，也勤快了，学习成绩也一点点往上长。假如不是我看了她的日记，怎么会知道她承受的压力之大，怎么会改变对她的目标要求，说不定会发生什么让人后怕的事呢！”

父母也有自己的难处，看着孩子一天天长大，生理一天天成熟，但心理却幼稚而不稳定。更令父母担忧的是孩子自以为已长大成人，急切寻求人格独立。他们常常对父母的询问三缄其口，抽屉要上锁，和同学通电话也常避开父母，很少和父母谈心里话。这自然会引起父母的忧心和焦虑。

孩子有了隐私，许多做父母的总是千方百计地去侦察，如翻抽屉、看日记、拆信件，甚至打骂训斥。殊不知，这种做法会伤害孩子的自尊心，造成孩子沉重的精神压力，甚至产生敌意和反抗，采取全方位的信息封锁和防备措施，导致父母与孩子关系的恶化。

理智的做法是尊重孩子的隐私权，也就是尊重孩子的人格。给他们一个自由的空间，但并非放任自流，对孩子的隐私要给予充分的关注，积极的引导。

写给父母的话

随着年龄的增长和独立人格逐步形成，孩子的“保密性”需求越来越强，对日记和书信、与同学交往与谈话的内容等不愿主动披露。家长不能采取“间谍”手段来了解孩子，而应转换一下角色，以朋友的身份与孩子融洽相处，在充分信任孩子人格的基础上，与孩子平等地进行对话情感交流，让孩子敞开心扉，在互信中交流。

第17章　偏执情绪：用爱驯服孩子心中叛逆的"小刺猬"

我行我素、说一不二、个性叛逆……这样的孩子让人头疼。其实，只要善于与孩子沟通，读懂他们的心声，就容易看到孩子通情达理的一面，甚至彼此成为知心朋友。

1. 及时驯服孩子的叛逆情绪

今年，陈楠刚上初一，开始像大人一样爱美了。这一天，她学别人的样子，烫了充满个性的发型。妈妈看到后没有直接批评女儿，也没有像其他妈妈那样大吼大叫，而是很柔和地对孩子说："楠楠，过几天妈妈要参加一个很重要的会议，你说妈妈穿什么衣服比较好呢？"

陈楠思考了一会儿，说："妈妈，我觉得你穿那条蓝色的裙子比较好，再配上一条棕色的腰带。"

"好主意！这样既时尚又不失严谨。女儿真棒！"母亲显得非常认可

孩子的话，接着似乎想到了什么，话锋一转："不过，根据礼尚往来的原则，妈妈也想给你提个好建议。"陈楠一听，来了兴致："妈妈快讲。"

妈妈笑了笑，说道："你这个发型虽然是今年最时髦的，可是我觉得放在你身上显得太成熟了，跟你的年龄不配，遮盖住了你原有的可爱气质。真可惜，这么好的年纪透露不出一丝青春的气息。"

听到这里，陈楠觉得妈妈说得很有道理。接着，她对着镜子仔细端详了一番，最后决定把头发复原回原来的样子。就这样，这位聪明的妈妈利用自己的智慧引导女儿做出了改变，没有引发孩子的叛逆情绪，也没有发生激烈的对抗。

后来，陈楠逐渐长大，越来越能理解妈妈对自己的良苦用心了。有一次给妈妈过生日的时候，她借机表达了感谢："谢谢您，我的妈妈，是您完美无瑕的爱，一次又一次地把我从歧途的路口拽了回来。我为做您的女儿而感到自豪！"说完，紧紧抱住了妈妈。

孩子从小时候就开始向大人的权威进行连续挑战了，他们像社会现实中最顽固的捣乱分子，把爸爸妈妈折磨得精疲力竭。一位专家说，学步儿童年幼无知，总是表现出凶狠、自私、好奇、狡猾和极大的破坏性。

随着年龄增长，孩子越来越有主见，变得更加叛逆。如果在学前时期，父母过分迁就孩子，不敢管教，那么孩子对父母的态度就会定型，导致父母永远失去对孩子的管教权。父母对孩子过分放纵，不制服孩子的任性行为，或是急于求成，都是极为错误的。这一错误的恶果将会在孩子青春期更加尖锐地暴露出来，造成更大的悲剧。

其实，父母只要驯服孩子心中那只叛逆的"小刺猬"，就能很好地引导和培养孩子了。那么，如何驯服孩子的叛逆情绪？关键在于给孩子完美的爱，并能让孩子感受到家长的这种爱。在驯服过程中，父母要注意以下几点：

（1）充分尊重孩子，然后展开对话。

处于叛逆期的孩子，往往自尊心很强。父母首先要尊重孩子的选择，只有这样，孩子才愿意接受你的关爱，并理解父母的用心，最终达到驯服孩子心中叛逆的“小刺猬”的目的。

（2）无论做什么，都不能剥夺孩子自由。

很多父母爱自己的孩子，总是希望孩子待在身边。一旦孩子出去磨炼自己或是和朋友玩，他们就受不了了，担心孩子吃苦、受欺负。最后，这些父母决定把孩子“困在”家中。这样的爱，会招致孩子对父母的强烈不满，最后很可能会到离家出走的地步。

（3）通过以柔克刚法，引导孩子步入正途。

当孩子出现叛逆情绪时，父母要“退一步海阔天空”，做到以柔克刚，不要和孩子硬碰硬，针锋相对。如果和孩子互不退让，僵持下去，那么他们叛逆的导火线就会被点燃了。孩子可能会产生更极端的情绪：仇恨、愤怒。

父母对孩子缺乏理解，教育孩子简单粗暴，打着爱孩子的旗帜，给他们画了一个地牢，过多地将自己的意愿强加到孩子身上，会让孩子越来越叛逆。聪明的父母给孩子“忍让的爱”，给孩子一些空间和自由，让他们从心底感受到家庭的关爱，以达到以柔克刚的良好效果。

2. 有效沟通，别让爱流失

周静是一个单纯的孩子，个性也很要强。这段时间，她经常说讨厌上学。父母工作都很忙，也没有在意，他们认为："一个小孩子，能有什么大不了的事情，随便抱怨一下罢了。"

渐渐地，周静的成绩开始下滑，由原来的前5名一直滑到30多名。更糟糕的是，这个孩子变得不爱说话了，经常把自己关在屋子里。父母觉得很奇怪，于是主动与周静谈心。

可是，周静什么也不肯说。再次逼问，她竟然对父母咆哮起来："不要你们管，你们从来都不了解我。"最后，孩子跑到屋子里，把自己反锁在里面，说什么也不肯出来，甚至不去上学了。这可急坏了周静的父母，他们心中的乖乖女为什么会有这么大的变化?

随后，父母来到学校了解情况，老师也说周静最近不太对劲，上课时经常走神，课间也不和同学们一起玩。最后，老师建议他们带孩子咨询一下心理医生。

后来，心理医生尝试着与周静进行了几次沟通，才找到问题的根源。原来，一切都因为父母与孩子沟通太少了。父母一直忙于工作，不能及时与孩子交流，忽略了孩子的情绪培养。导致了周静出现了这种极端的情绪失控。

其实，周静只是不喜欢学校老师的讲课方式，因此有些郁闷。但是，如果父母能及时地与她进行交流，多加引导，及时疏解孩子的这种不良情绪，也就不会出现后面的偏执情绪和极端反应了。

孩子一天天长大，越来越有自己的主见，如果与父母产生分歧并得不到认同，他们容易情绪化，会变得偏执。此时，如果亲子双方得不到有效沟通，会让分歧放大，误解加深，让亲情遭到破坏。

客观地说，父母与子女之间的矛盾普遍存在于各个家庭之中，有的时候双方甚至到了水火难容的地步，这是怎么回事呢？从心理学的角度看，这是社会生活中普遍存在的一种代际差异现象，也叫“代沟”。

具体来说，它是两代人之间思想、价值观念和心理特点方面的差异。父母这代人对年轻人热衷的摇滚乐、摩托飞车以及其他一些时髦的东西感到莫明其妙，而年轻人则认为他们完全不了解世界潮流。

显然，如果父母与孩子不能进行有效的沟通，或者不能充分尊重、理解彼此之间的差异，那么在日常生活中就会产生隔阂、误解，甚至发生激烈的对抗。沟通不到位，彼此之间的情感也会蒙上阴影。

那么，代沟是如何形成的呢？亲子之间应该如何尽力化解这种不必要的误会呢？最重要的一点是，父母和子女处于不同的生命阶段。处于不同年龄的人生命发展的任务是不同的，所以价值观、兴趣、动机也就不同，因此容易在观念上产生分歧。

而且，父母和子女在同一生命阶段所处的社会历史条件不同。谁都有过年轻的时候，但是那个时刻外部的环境是不同的，甚至差异很大，这造成上双方在观念上很难有一致的观点，也就难以理解对方的所思所想。

从家庭教育的角度看，父母疼爱孩子，因此要主动和孩子进行及时、有效的沟通。把握沟通的方式、时机，充分理解孩子的意愿，自然容易帮助孩子摆脱偏执观念的束缚，让其成为通情达理的人。

（1）鼓励孩子说出心里话，给孩子一个诉说的空间。

父母是孩子最亲的人，孩子对父母有一种与生俱来的信任。当孩子向家长表达自己的观点时，不管这些观点是对还是错，家长都不要反驳，要认真地听孩子说完，站在孩子的立场上去分析、思考，并委婉地说出自己的意见。例如：“我觉得这样做更好，你觉得呢？”

（2）经常与孩子交流，随时把握孩子的心理。

父母要想更好地培养、教育孩子，首先必须要了解孩子。了解孩子近期所发生的事，交往的朋友，心里所想的事情等。只有准确地了解孩子的心理，才能更好地培养孩子控制情绪的习惯，使孩子拥有一个健康、快乐的心理。

（3）关注孩子的兴趣，搭建沟通的桥梁。

了解孩子的兴趣，经常和孩子谈论一些他们感兴趣的话题，孩子也会更加愿意与父母交流。这样在父母与孩子之间就建立起一座良好的沟通桥梁，帮助父母更好、更多地了解孩子的心理。

（4）经常与孩子一起做游戏，增进理解与信任。

在玩耍的过程中，建立与孩子之间的友谊，增加孩子对父母的信任度。与孩子成为朋友，家长就能随时与孩子保持畅通的沟通关系，掌握孩子的近况和变化，从而间接地影响孩子的心态，及时疏导孩子的不良情绪。

写给父母的话

孩子心理上还不成熟，又缺乏生活经验，往往凭一时的冲动就形成一种看法、观点，甚至作出一种决策，准备行动。这时，有经验的父母可以准确地指出其不当之处。为了让孩子易于接受这种批评和帮助，父母要掌握沟通的艺术性，减少与孩子发生冲突的机会。

3. “放纵”最容易导致孩子任性

和其他孩子一样，王小川也有一个温暖的家，有疼爱自己的父母。生活中，他常常说一不二，只要提出什么要求，父母一定会不折不扣地满足。

起初，父母也不想过于迁就孩子，但是看到王小川痛哭流涕的样子，他们就不忍心强硬起来了。时间一长，就索性对孩子听之任之了。

有一天晚上，王小川吃过晚饭就照例看起动画片来。这时，爸爸走过来微笑着说：“小川，马上要期末考试了，先复习功课吧！”王小川正看得高兴，听到这里没好气地说：“躲一边去！”

爸爸真为孩子的考试着急了，所以禁不住多说了几句。结果，王小川气冲冲地一甩门就出去了。爸爸以为他又像往常一样去邻居家玩了，就坐在屋子里生闷气。几个小时后，儿子还没回来，爸爸急忙去找，哪知道他根本没去邻居家玩，竟然离家出走了。

一家人急忙四处寻找，还到公安局报了案。但是，几天、十几天过去了，王小川始终没有回来……一个孩子因为任性，让父母承受了无尽的痛苦煎熬，也毁灭了自己的一生。

孩子任性不可避免，特别是在父母的宠爱下，他们有时表现出一些过

火的举动是很自然的，是不成熟的表现。但是，如果孩子过于任性，甚至以此要挟父母，这就是一种性格缺陷了，也是一种不正常的心理状态，对成长有百害无一利。

那么，是什么原因导致孩子不听话、任意乱来呢？客观地说，孩子的自我意识太强、父母对孩子态度蛮横等，都容易让孩子走向极端；但是，最重要的原因是“父母放纵孩子”。因此，我们可以这样认为：放纵最容易导致孩子任性，而这种后果是非常严重的。

孩子好比树苗，要想让其成材，父母必须注意及时修剪整枝。一位教育专家曾经说过：“如果您想培养一个无赖，那就尽情地放纵他、迁就他；如果您想培养一个很棒的孩子，那么在面对孩子的不合理要求时，就要坚持用爱的理由拒绝他。”

特别是对孩子的缺点、毛病，父母更不能放纵，而应加以引导，让孩子明白其中的道理，才能成为一个懂事的人。一些父母对孩子放任自流，对他们的不良品格、习惯听之任之；这种姑息的做法，从小的地方来看会让孩子养成娇气、不可一世的性格，从大的地方来看则可能酿成大祸，导致孩子将来成不了大业。

法国著名教育家卢梭曾经说过：“当一个孩子哭着要东西的时候，不管他是想更快地得到那个东西，还是为了使别人不敢不给，都应当干脆地加以拒绝。”拒绝，是为了避免放纵孩子，让他们懂得凡事都不是随心所欲的。这样一来，孩子才能积极主动地适应周围的环境，通过自己的努力实现目标，真正做到自立自强，而不是成为温室里的花朵。

（1）父母要称职、负责。

大多数父母会因为溺爱孩子而放纵他们，但是还有一种情形需要引起注意——父母缺乏责任感而对孩子放纵。有些父母看到孩子难以管教、屡教不改，逐渐丧失了信心，于是索性不管了。这种放纵是不负责任的表现，对孩子的危害性更大，往往容易引发孩子自暴自弃，甚至走上违法犯

罪的道路。

(2) 在“爱”的基础上严格要求孩子。

父母对孩子的学习、智力培养、日常生活等方面，既要给予充分照顾，又要严格要求，使他们更好地成长。许多人都有这样的体会，“回忆过去，总是那些严格要求自己的老师给自己最深的印象。”这是因为，严厉的老师让自己朝着更高的目标前进，让我们学到了更多知识。同样的道理，父母教育孩子的时候，也应该把“爱”贯彻到“严”里面去。这样一来，孩子在自觉性、耐性还不是很高的情况下，才能不放纵自己，获得良好的成长机会。

生活中，父母放纵孩子的情形非常普遍，对孩子的爱可真是到了“捧在手里怕碎了，含在嘴里怕化了”的地步。问题是，我们要把握好爱的度，无原则地爱就是溺爱、放纵，在爱的同时不遵循“严”的原则就会导致孩子自生自灭，使他们错过了良好的成长机会，有百害而无一利。放纵孩子，只会让他们轻松一时，面对未来的挑战他们则会寸步难行。

4. 在交谈中读懂孩子的心声

王云泽是一个聪明的孩子，就是情绪有些急躁，性格孤僻，经常因为一点小事和同学打架。为此，爸爸妈妈非常担心孩子惹祸。

这一天，王云泽的爸爸刚走进小区，一位小朋友就跑过来："叔叔，云泽又跟同学打起来了！"爸爸连忙赶过去，只见儿子被几个男生拉住，仍然拼命挣扎，并用脚踢另一个同学。王云泽看到父亲来了，急忙停止了踢打，仍然大喊："我饶不了你……"

见此情形，爸爸生气地把儿子拽回家。"你就不能学点好吗？每天都让我为你操心，难道让我到劳教所给你送饭，才甘心吗？"爸爸气急败坏地说。

"妈妈也经常和你打架啊！"王云泽小声地嘟囔着。原来，云泽的妈妈脾气不好，经常因为一些琐事和爸爸吵架。每次打完架，妈妈都能达到预期目的。长此以往，这种靠打架达到目的的处事方法给孩子留下了很深的印象。

爸爸听了儿子的话，意识到可能是父母的一些不良情绪影响到了孩子的心理。于是，他和妻子商量了一套方案。此后，他们在家里很少吵架了，变得和睦相处。王云泽充分感受到了家庭的温暖，当然，他也受到潜移默化的影响，很少与人争斗了。

许多父母不知道如何教育孩子，重要原因是不了解孩子，也不肯努力倾听孩子的心声。久而久之，父母就失去了对孩子公正、客观、真实的认识，许多想法变得不再可靠，也因此作出一些错误的决定，影响到孩子健康成长。

在家庭教育中，了解孩子是前提，读懂孩子的心声是交流的关键。父母天天都在看着孩子成长、变化，似乎是最了解孩子的；事实上，如果父母没有与孩子很好地交流，那么父母与子女的心理距离会很遥远。

孩子是天真、幼稚的，父母是理智、成熟的。他们认知能力上会有一

些差异，父母要试着用孩子的思维去琢磨他们的内心感受。为此，父母必须适应新的时代，主动更新观念，这样才会缩短与孩子的心理距离。

孩子在成长过程中会遇到许多问题、难题和苦恼的事情，并由此产生很多不良情绪。这些不良情绪就像小树上应该被修剪掉的枝杈，如果不被及时修剪，会影响小树的正常成长。为了让孩子心理健康，保持积极情绪，父母要主动帮孩子解决各种难题，而不是与之发生矛盾，导致其走向偏激的一面。

为此，生活中经常与孩子轻松自在地交谈，就容易了解孩子所思所想，为孩子的情绪“把脉”。在交流中，孩子会不自觉地流露出一些情绪问题。这时，父母就能清楚地看清孩子的情绪存在哪些问题，而不是与之发生激烈的对抗。

（1）观察孩子的行为变化，从中发现端倪。

有的孩子性格内向，从不主动和父母沟通。可是，父母对他们的一举一动却很了解。这就是“知子莫若父”的道理，父母很善于观察孩子，能够从孩子的各个行为动作中及时发现潜在的情绪问题，并加以纠正。孩子的表达能力因人而异，大部分孩子都不能很好地表达自己的心声。这就要求家长要善于观察、分析问题的本质。

（2）与孩子多交谈，倾听孩子内心的真实想法。

称职的父母善于倾听孩子的心声，他们每天都会抽出时间听孩子说这一天发生的事情，了解孩子心里都在想什么。通常，这样的孩子心理健康、情绪乐观，因为他们把内心的事情讲出来，不再有心理压力，并及时从父母那里得到中肯的建议。经验表明，每天都和孩子进行沟通，在倾听的过程中查找孩子的情绪问题，并及时予以纠正，有助于孩子的健康成长。

（3）间接发现孩子存在的心理问题，及时帮助他们走出误区。

孩子的心灵是很脆弱的，当父母发现孩子存在一些不良的情绪习惯，

一定要注意纠正和引导的方法，采用间接引导的方法，帮助孩子摆脱窘境，重新收获积极乐观的情绪状态。

父母与子女在兴趣爱好、认知、情感等心理方面存在差异，为此必须要更多地与孩子沟通，增进了解，从而更好地引导孩子健康成长。在交流中，父母应该从孩子的个体角色、家庭角色、社会角色等多方面来理解他们，满足其特定想法和需求。

5. 避免用不良的交流方式伤害孩子

康宁是全家的宝贝，可以说要风得风，要雨得雨。因此，他在日常生活中说一不二，如果不如意就会大呼小叫。对此，爸爸妈妈无可奈何。

有一天，康宁从幼儿园回到家中，一脸不高兴地说再也不要去幼儿园了。妈妈很奇怪，询问其中的原因。可是孩子就是不肯说，只是呜呜地哭。后来，妈妈到学校了解缘由，才知道事情的来龙去脉。原来，康宁的衣服穿反了，同学们都嘲笑他。这件事深深地伤害了康宁，他觉得很丢脸，所以再也不愿意去幼儿园了。

看到孩子委屈的样子，妈妈于心不忍，又担心孩子太脆弱了，受不了一点委屈。爸爸听说了这件事，一气之下想呵斥孩子，被妈妈拦住了。随后，妈妈翻阅了一些相关材料，决定要纠正康宁的偏执情绪。

妈妈并没有直接和康宁谈话，而是若无其事地做事。晚上睡觉前，康宁习惯听妈妈讲故事。这天晚上，妈妈讲了一个小鸭子的故事。

有一只小鸭子，爸爸妈妈都很疼爱它，姐姐们也很照顾它。渐渐地，小鸭子变成了懒鸭子，什么事情也不会做，遇到困难就找妈妈和姐姐们。后来，身边的小伙伴都长大了，只有小鸭子仍然什么也不会，于是大家都看不起它，不愿意和它玩耍。

讲完这个故事，妈妈问康宁："你喜欢这只小鸭子吗？""不喜欢，"康宁仰着小脸认真地说，"小鸭子没有上进心，大家都不喜欢它。"

妈妈点了点头说："那从明天起，你就要做好自己的事情，善于改变自己，追求进步，否则就会像那只小鸭子一样没人喜欢了。"

康宁用力地点了点头，从此像变了一个人。生活中，他开始对自己提出更高的要求，遇事不再耍性子。随着不断进步，周围的邻居、同学都夸奖康宁越来越棒了。康宁变得坚强、乐观、勇敢起来，遇事总是积极地寻找解决的方法。

孩子是父母的希望，也是父母生命的延续。孩子年幼的时候，接触最多的人是朝夕相处的父母，于是父母理所当然成了孩子的启蒙老师。

父母如何与孩子交流，直接影响到沟通的效果，也影响到孩子与人交流的方式。不善于与孩子沟通的父母，经常采用暴力沟通的方式，长此以往会伤了孩子的心。受此影响，孩子容易养成偏激的个性，遇事缺乏理性思维。

而当孩子迈出家门，与邻居、同学交流时，也会受到父母沟通方式的影响。不懂得积极沟通的孩子，在交流中无法赢得认同和赞赏，这让他们失去伙伴，很难与人建立友谊。人际关系的恶化，反过来会影响孩子健全的人格、正常心理的塑造，导致其情绪偏激、暴躁。

每个家庭都有互相联系和沟通的语言。对孩子来说，父母懂的东西很多，他们会有心理上的依赖感，也就很在意父母的态度、意见和评判。此时，称职的父母会扮演摆渡人的角色，帮助孩子答疑解惑，让孩子在无形中获得成长机会。这样的孩子心理积极健康，充满正能量，因为爱的感化让孩子出类拔萃。

“家庭是社会的一个天然的基层细胞，人类美好的生活在这里实现，人类胜利的力量在这里滋长，儿童在这里生活着、成长着——这是人生主要的快乐。”俄罗斯著名教育家马卡连柯的这段话道出了父母抚养和教育孩子的乐趣所在，也说明了父母与孩子之间亲密无间的感情关系。

因为有了爱，语言变得更为美好和必须。家是一个宁谧而舒畅的港湾。有情趣的父母，可能会与孩子进行多种多样的语言交流。比如，中秋节的时候吃月饼，猜谜语；周末时，全家人一起做游戏，说笑话；生日时分，大家拍着手唱生日快乐……父母能创造多种多样的场合和情景，让孩子得到多方面的实践和练习，同时，家庭生活会充满更多的乐趣。

父母是伴随孩子成长的亲人、监护人。他们的言谈举止都在深深地影响着孩子。父母的情绪、个性品质、追求志向等，都会在家庭中显露，并且会用语言的方式展现出来。在与孩子交流的过程中，父母要扮演积极、正面的角色，引导孩子学会正确面对各种局面，绝不走向偏激的一面。

家庭的熏陶，对孩子学识、人格都有较强的感染力。父母善于采用良性的方式与孩子交流，将爱心传递在话语之中，孩子就能公正、客观地看待这个世界，具备宽容、豁达、坚韧等优秀品质、拥有健康的情绪状态。

同在一个家庭里，就有了共处的时间，交流的机会。孩子从出生

到成长的不同阶段，对于交流的内容不太相同，但都是需要用语言去不断地沟通、交流的。语言交往具有感情交往的性质和作用，因为爱才想说，因为说才会使情感更为深入。

孩子在学习或生活中，总会有一些让家长不满意的地方，比如学习不好、做事慢慢吞吞、不聪明等。对此，家长应换种方式和孩子进行沟通，从侧面教育、引导孩子，自然容易塑造孩子健全的人格、健康的心理。

6．恃宠而骄的孩子缺乏做事逻辑

“我要吃泡泡糖。”3岁的小亮大声叫嚷着。

妈妈正在洗衣服，转过身对他说：“上次我们已经说好了，你不能吃，因为你总是把泡泡糖咽到肚子里，或是随便扔掉。”

小亮根本不理会这些，不停地喊叫：“我要吃！我要吃！”还不住地使劲在地上跺脚，然后把妈妈的衣服都扔到了地上。

“好了，好了，给你吃。”妈妈无可奈何地递给小亮一块泡泡糖，又忙自己的事去了。

面对小亮的纠缠，妈妈没有办法说服他，也不愿意他捣乱，让自己什么事也干不成。所以，最后干脆给他泡泡糖，让他走开。

殊不知，这种做法已经给孩子养成不听话、不守规则的坏习惯提供了滋生的土壤。仔细分析不难发现，是妈妈培养了小亮不听话，把泡泡糖随便乱扔的习惯。并且，小亮还知道，只要自己胡搅蛮缠，妈妈就会满足自己的要求。

情绪分析

现在的家庭独生子女很多，父母宠爱孩子是人之常情。但是，因为过于宠爱导致溺爱，已经成为家教中的一个通病。任何事情都要把握好一个度，所谓过犹不及，偏宠孩子很容易导致恃宠而骄，最终会害了他们。

孩子恃宠而骄，这种情况很常见。不同的是，有的父母会拒绝孩子的不合理要求，让他们懂得什么是对的、什么是错的；而另外一些父母则不能应对孩子的撒泼耍赖，只得乖乖就范，让他们得寸进尺。

在孩子成长的过程中，父母要帮助他们约束、控制自己的情绪，而不能为了让孩子尽兴，就竭尽全力满足他们的种种要求。因为这种一味顺从的态度会鼓励孩子在自私的轨道上发展，认为生活就是我行我素。如果孩子只看重自己的利益和要求，不在乎别人的需要，就不能正常与人打交道，更不要说与别人合作、走向成功了。

其实，最可怕的情形是，孩子被宠坏了，而他自己根本意识不到这一点。这样一来，他们就会习惯别人肯定的回答，一旦遭到合理、正当的拒绝，就会难以忍受，甚至走上极端的道路。

因此，父母要避免对孩子娇生惯养，学会给出否定的回答。由着他、顺着他、惯着他，可能暂时赢得了孩子的欢心，但对他们日后成长实在是一种灾难。从心理学的角度来看，孩子任性主要体现了其个性偏执、意志薄弱和缺乏自我约束能力，是比较典型的情商低的表现。研究表明，家庭环境是孩子产生任性心理的主要因素。

（1）家长对孩子过分溺爱、迁就。

父母对孩子疼爱过度，往往适得其反，容易导致他们放任自流，形成任性、我行我素的个性。研究表明，独生子女任性率高达60%。这种不良

倾向得不到有效控制，会让孩子放任个人情绪，影响健康心理的形成。

(2) 家长对孩子的管教简单粗暴。

美国的儿童心理学家威廉科克通过实验发现，孩子的任性实际上是一种心理需求的表现。但家长多习惯以成人的思维去考虑结果，完全忽略了孩子参与的情绪和兴趣。实际上，这种情绪和兴趣，就是孩子渴望接触的。再加上有些家长教育方法简单粗暴，对孩子一味限制，要求孩子绝对服从。这种做法违背了孩子的意愿，违背了孩子的身心发展规律，也造成了孩子反叛和任性的个性。

(3) 隔代教育的不良影响。

隔代教育是一种极具中国传统风格的教育模式。隔辈亲是众所周知的常情。虽然现在许多年轻的父母都已经意识到其中的弊端，但由于工作繁忙，只能把隔代教育进行到底了。孩子在祖辈的庇护下也越来越无法无天。任性情绪开始泛滥。

父母不要染上“溺爱综合征”，对孩子首先要一视同仁，其次要避免偏宠。孩子的成长是一个不断发展的过程，对子女的正确教育要从小开始。如果对孩子恃宠而骄，这种错误的做法得不到及时纠正，很容易让孩子形成各种不良习惯，影响他们在各个方面的发展。

大多时候，孩子任性是因为抓到了家长过分关爱的弱点。家长会害怕孩子哭、生气，于是对孩子提出的不合理要求很容易妥协。鉴于这一点，家长在调节孩子的任性情绪时就决不能有任何迁就的表示，态度一定要坚决，而且要坚持到底。

第18章 痛苦情绪：减轻坏情绪给孩子带来的伤害

生病让人难受，说谎让孩子失去信任，父母离婚刺伤孩子心灵，这些痛苦的情绪对孩子来说是伤害，不利于其健康成长。父母要减轻坏情绪给孩子带来的负面影响，减轻他们内心的痛苦。

1．如何安抚生病的孩子

肖肖是一个品学兼优的好学生，从小到大一直是班上的尖子生。妈妈对她要求特别严格，而肖肖也很争气，表现一直很出众。

最近天气很不正常，结果肖肖患上了风寒，不断地咳嗽、流鼻涕。可是，她依然按时上课、学习，参加学校的各项活动。班级里的一些同学嫉妒肖肖，此时出现了各种不同的声音。

“感冒了就不要来上课了，万一传染给我们怎么办？”赫赫说。“就是就是，天天上课时候擦鼻涕，太恶心了。”鲁君也接话。虽然这些讽刺的话语，肖肖表面上不怎么在意，其实心中特别伤心。

回到家中，肖肖支支吾吾向妈妈吐露出心中的不快。可是，妈妈并没有察觉到肖肖的情绪变化，还怪孩子太敏感了，同学的话根本不必放在心上。

期中考试临近了，肖肖的病并没有痊愈。她继续忍受着少数同学的冷暴力，老师也没有过多地干预。

由于带病考试，肖肖没有发挥出自己的实力，成绩并不理想。赫赫和鲁君偷着乐了好一阵子，肖肖更生气了。更令人恼怒的是，赫赫还对老师说，肖肖是在装病，在为考试不理想找借口；而老师居然信了，也多少对肖肖产生了意见。

回到家，妈妈看到女儿的成绩单，劈头盖脸就是一顿训斥。此时，肖肖不仅身体欠佳，心理上也遭受到了沉重的打击，难受极了。

儿童时期是一个心理年龄发展的关键时期，同时也是心灵较为脆弱的一个阶段，对突如其来的刺激抵抗能力较弱。孩子独立性较差，特别是在生病的时候对大人的依赖性很强，也会比平时娇气一些。此时，家长一定要注意安抚生病中的孩子，避免孩子受到不良情绪的影响。

上述案例中，肖肖是一个优秀的孩子，正处于应该受呵护的阶段，不料染上了疾病，身体上的不适已经很为难这个孩子了。这时，她本应受到大家的照顾，却遭受到同学的恶语相加，令自尊心受到打击。妈妈也没有理解女儿的苦楚，因此委屈的肖肖身心俱疲。

年幼的孩子和大人相比，阅历相差悬殊，抗压能力和心态明显是天上和地下的差距。生病虽然在大人眼中只是鸡毛蒜皮的小事，根本不值得一提，可是对于独立能力较弱的儿童来说却不同。

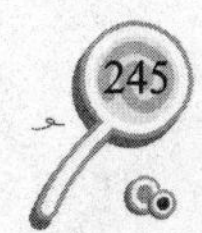

所以，当孩子生病的时候，一定要引起足够的重视，哪怕只是一句发自内心的问候，都会让孩子心中愉悦无比。孩子毕竟是刚刚绽放的花朵，经不起摧残，必须慢慢成长，当风雨来临的时候少不了家庭的庇护。

同时，父母不要溺爱生病中的孩子，切不可因为生病而破坏了平日里与孩子制定的规则。比如，每天看一小时电视，家长不可因为孩子生病就放任了，想看多久看多久。否则，孩子好不容易形成的习惯就会功亏一篑。

对身体不舒服的孩子来讲，精神抚慰更重要。孩子对病情担忧、害怕、烦躁，父母可以多亲吻、拥抱孩子，轻轻拍拍小肩膀，给他们安全感。还可以用自己或身边其他孩子生病的经历鼓励孩子，疾病是可以战胜的，并不可怕，这样才可使孩子的不良情绪影响降到最低。

适当的亲子活动也是表达关爱的有效手段。孩子生病时，往往觉得日子难熬。家长要尽量参与到孩子的日常中来，让他们在不知不觉中度过快乐时光。

有的家长在孩子生病时对其百般呵护，请假陪孩子，但病好后又顾不上他们了，这样孩子心里会更失落。所以要有一个过渡期，如果精力或时间不够，可以经常给孩子打打电话、视频聊天，让他们感受到父母的关爱如影随形。

写给父母的话

对父母来说，最不愿意看到的就是孩子生病了。每次孩子一生病，除了孩子身体难受，父母也会备受折磨。因此，平时要让孩子保持健康科学的饮食，并适量运动，远离疾病。一旦孩子病了，父母要采取妥当的方式给予安抚，避免其受不良情绪的影响。

2. 用善意的谎言降低对孩子的伤害

每天晚上临睡前，珍妮都要听妈妈讲童话故事。动听的故事伴随着入眠，是非常美妙的事情。然而，不知从什么时候起，讲童话故事的角色变成了爸爸，而妈妈却从这个家庭中消失了。

原来，妈妈和爸爸离婚后，离开了这个家。对此，爸爸这样告诉珍妮："每个人都是家中的天使。有一天啊，妈妈觉得这个家不再适合她了，于是就成了飞翔的天使，从这个家中飞走了。但是你这个小天使还小，还不能飞翔，所以只好留在家里，让爸爸保护你。"

这其实是一个聪明而又善意的谎言。对孩子而言，没有了妈妈是一件多么痛苦的事，但是充满智慧的爸爸想方设法把这种伤害降到了最低，从而减轻孩子的痛苦。

不难想象，充满幻想的小女孩在这则美丽而又浪漫的童话中受到爸爸的百般呵护，仍然有一个快乐的童年。显然，爸爸的浓浓爱意弥补了母爱的缺失，珍妮快乐又幸福地度过了重要的成长期，少了不必要的遗憾和痛苦。

在另一个家庭中，一对夫妻并没有大的矛盾，彼此间也很在意对方，然而经常在一些鸡毛蒜皮的小事上互相争执，谁也不低头。激烈的吵闹过后往往是冷战，他们常常几天不说话。也许争吵和冷战能发泄心中的怒气，可是却严重伤害到孩子的健康成长。

他们的女儿在这样的家庭气氛中生活，整天过得胆战心惊，每次听到父母争吵的声音都心力交瘁，逐渐变得神经质、敏感。不论在什么场合下，有人说话声音稍高一些，她也会表现出惊恐。

她从小就特别希望爸爸或妈妈有一方出差，因为那样家里就有几天平静了。在父母不断争吵和冷战中，现在这个女孩已上中学，她性情忧郁，脾气暴躁，成绩不佳，让父母头痛得要命。他们现在最担心的就是孩子性格孤僻，很少与人交流，如果以后不能自立该怎么办。

孩子对世界的认知不全面，心理承受能力差，经受不住残酷现实的拷问和折磨，为了保护好他们的心理免受伤害，父母有责任帮助他们抵挡外界的风雨，包括用善意的谎言保护孩子对美好人生的想象。

在民主、和睦、文明的家庭环境里，孩子会情绪稳定、性格开朗、感情丰富、自信心强。所以，父母要给孩子营造一个温馨、有安全感的家庭氛围，避免不良情绪对孩子的影响，减轻可能带来的伤害。

研究发现，如果孩子周围的情绪环境是积极的，那么孩子的身心能得到健康的发展；如果孩子周围的情绪环境是消极的，那么孩子就会遭遇不良情绪的侵扰，甚至心理上受到伤害。为此，父母要从以下几个方面保护孩子幼小的心灵。

（1）父母要控制好个人的不良情绪。

被朋友、同事误解，在单位里被人事纠纷所困扰，在事业上受到挫折，一时糊涂犯了错误……不论在哪种情况下，父母都要学会克制，坚决不把消极情绪带回家。有时即使有某些不良情绪要发泄，诸如叹息、哭泣、发牢骚，也要关起房门，别在孩子面前表现出令人失望的一面。

（2）避免在孩子面前吵架动粗。

连孩子都知道动粗是不文明的行为，父母就不要在家里“示范”了。父母在孩子面前吵架、动粗或者与他人争执，都会让孩子产生紧张心理和恐惧感，伤害到他们的自尊心和幸福感。父母经常在孩子面前大吵大闹，会让孩子精神高度不安，陷入痛苦的深渊。

（3）努力营造良好的感情氛围。

父母都十分重视为孩子创造优裕的物质环境，却忽视了为孩子创造健康、热情、宽容的感情氛围。良好的家庭环境和感情氛围，是促使孩子心理健康成长的精神摇篮，是孩子快乐成长的关键。

除草的最好方法是在原来的土地上种庄稼，用庄稼的生长来遏制杂草的蔓长。同样的道理，如果想让孩子远离不良情绪的感染和伤害，父母要努力为孩子创设快乐的情境。从孩子的心理健康发育角度出发，家长在日常家庭生活中要特别注意情绪控制，谨防孩子因父母的不良情绪而影响正常的心理发育。

3．父母的情绪影响孩子的心态

周文今年10岁了，逐渐变得懂事听话，也越来越在乎别人对自己的评价。生活中，他给人的第一感觉是老实、温和，然而小伙伴都说：“周文看起来踏实，做事的时候却没有耐心，是个典型的急性子。”

起初，周文并没有在意大家的评价，但是说的人多了，他就觉得奇怪：“为什么我是一个安静的人，却得到了不一样的评价呢？难道一个人的本性从外表一点也看不出端倪来吗？”

带着这个疑问，周文找到了班主任张老师，想从那里得到中肯的评价。张老师说：“你确实看起来个性文静，但是做事却缺少条理性，容易急躁发脾气。客观地说，大家对你的评价并不过分。也许你的本性是安静的，但是不排除受到后天各种因素的影响，性情渐渐发生了改变。”

听了班主任的话，周文终于明白：原来自己做事急躁的个性不是天生的，而是后天造成的。于是，他积极寻找后天的不良因素，希望可以除去这个不良的传染体。经过了一番调查，周文发现，自己的脾气和爸爸几乎如出一辙。顿时，他明白了：原来爸爸就是这个传染源。

随后，周文向爸爸说明了情况。爸爸听完之后，恍然大悟：原来孩子的不良情绪是自己一手造成的。于是，他决定以孩子为镜，反思自己的情绪问题。

对孩子成长来说，环境的重要性不言而喻。在一个好的家庭环境里，孩子才能健康成长；相反在一个坏的家庭环境里，孩子迟早会走坏情绪的不归路。除了优渥的物质生活条件，父母保持健康、积极、乐观的情绪对孩子成长至关重要。如果父母争吵不断、牢骚满腹，必然加重孩子的消极情绪，让他们陷入痛苦的深渊。

孩子要从一个生物学意义上的人转化成社会人，最根本的条件是社会环境、社会生活。家庭是孩子接触的第一个社会现象，父母则是个体社会化的启蒙老师。首先与孩子建立人际关系的对象是父母和家人。孩子在家里，从父母那里逐渐产生关于社会的印象，感受人们对他的期望和关怀，体验社会，了解他人与本人的关系，形成基本的生活态度和行为方式。

为了把孩子培养成自信、自强、有道德、有能力的人，父母要为孩子创造一个轻松、和谐、民主和充满爱的家庭环境。研究证实，在暴力环境中长大的孩子，不是变得胆小内向，就是自己也学到这些暴力的特质。戴尔博士曾说过："如果孩子生长的环境里常常充满暴戾之气，那么你就会有愤怒的孩子；如果你不在孩子面前控制情绪的话，你就会看到毫无纪律的孩子。"

(1) 父母不要乱发脾气。

孩子健康地成长，一定要拥有一个宁静、安详、最适于生活的环境。称职的父母约法三章，从不对孩子乱发脾气，关键时刻克制自己的情绪，遇到任何事情都心平气和地坐下来和谈解决。有的父母脾气差，孩子容易养成胆小内向、容易愤怒、充满暴力、毫无纪律的品性。

(2) 让孩子活得轻松一些。

在紧张不安、充满竞争的环境里，孩子会遇到前所未有的压力。从根本上讲，压力就是身体的损耗与能量的发作，它能让人的头脑保持清醒敏捷，保持体内循环系统正常运转，也能让孩子在心理、行为方面出现问题。孩子在成长过程中长期承受紧张压力，无助于他们保持良好的情绪和积极的心态。

好的情绪会使孩子终身受益，因此培养孩子良好的情绪调节习惯是家长的首要责任。当孩子身上存在一些情绪问题时，有可能和家长的情绪习惯有关。因此，为了能够培养孩子良好的情绪习惯，家长首先以孩子为镜进行情绪的自我反思。

4. 为了孩子，父母要慎重对待离婚

张娜是一位年轻的妈妈，最近陷入了困顿之中。原来尽管她有收入很高的职业，有聪明的宝宝；但是，自从有了孩子之后，张娜与丈夫的关系就不像从前那样融洽了，经常为了一些小事争吵。

一天晚上，张娜和丈夫又为了一件小事吵了起来，令人吃惊的是丈夫情急之中竟然动起手来，孩子也被吓得大哭。她伤心得哭了一夜，开始冷静思考自己的婚姻，甚至认为夫妻的缘分已尽。但是，看到可爱的孩子，张娜又犹豫起来，离婚的念头又动摇了。

何去何从呢？张娜给自己的一位老同学打去了电话。原来，这位同学是一位离了婚的妈妈，当初因为丈夫有了外遇选择了分手。目前，这位同学自己带着孩子。孩子小的时候，这位同学没有感觉到什么，但是孩子上了幼儿园，许多问题就出现了。比如，上学注册登记时“爸爸”那一栏不容易填写，孩子在幼儿园经常被欺负，孩子看到其他小朋友和爸爸在一起非常自卑。

显然，这位同学尽管自己获得了自由，但是孩子却在成长过程中面临着很多问题，甚至影响到了心理健康。更让张娜吃惊的是，自己的这位同学正准备复婚呢，而这一切都是为了让孩子有个完整的家，能够健康成长。最后，同学劝张娜要三思而后行。

至此，张娜打消了离婚的念头，开始反省自己，力图挽救危机中的婚姻，重新开始新生活。经过努力，张娜在价值观、生活习惯以及待人处事

上给自己提出了许多新的要求，也和丈夫进行了良好的沟通；最终，夫妻俩都发现自己存在着很多不足，两个人之间看起来不可调和的矛盾得到了化解，又过起了甜蜜的生活。

婚姻中发生矛盾是很正常的现象，关键是夫妻二人怎样去化解。如果双方都不退让，不懂得反省自己，只能使矛盾达到不可调和的地步，最终选择分手。而对孩子来说，这一结果对其成长是非常不利的，会给身心健康带来难以估量的消极影响。

研究表明，夫妻关系和睦了，家庭氛围才能融洽、和谐，孩子才能获得一个健康成长的环境。因此，父母发生矛盾的时候，不能单纯选择极端的离婚道路，而应各自退让一步，考虑一下离婚的后果以及由此给孩子可能带来的伤害。特别是对那些家庭矛盾并不严重的夫妻来说，过于追求和注重个人感受，忽视孩子的存在，选择草率离异，更没有必要。

一项调查发现，受父母离异影响最大的是2～5岁的学龄前儿童。这些孩子在父母离异后会表现出恐惧、自责、退缩等强烈的反应，在与同伴交往中还会产生自卑心理。具体到那些上学的孩子，则可能出现学习成绩下降、爱说谎、逃学，甚至对同学进行人身攻击等。而等孩子长大以后，受到父母离异的影响，他们可能出现疏远父母、过早结交异性朋友、酗酒、离家出走等现象，甚至因为对现实不满走上违法犯罪的道路。

对那些风雨飘摇中的夫妻来说，在追求个人自由的时候，不应该以牺牲孩子幸福为代价。孩子看到父母离异、失去了幸福的家庭生活，会比那些家庭和睦的儿童存在更多的心理卫生问题。而且，这种影响会伴随孩子一生，可能造成孩子的社会适应障碍。

父母既然选择了结合，选择了要孩子，就应该维持好一个家，给孩子

提供基本的生活环境，否则仓促离婚、只看重自己的需要，就是不负责任的表现。父母做得不好，还怎么教育孩子，把孩子培养成人才呢?

（1）父母的婚姻亮起红灯后，要尽力改善婚姻，而不是首先想到分道扬镳。

单纯强调为了孩子而固守婚姻，常常让父母陷入严重的精神痛苦中，这对父母来说也是不公平的。但是，感情亮起红灯以后，首先改善已经出现问题的婚姻，通过平心静气的协商解决存在的矛盾和问题，就容易找到美好的生活。而这种结果，对孩子成长来说，是最佳的答案。

（2）当婚姻确实破裂，感情无法继续时，父母更要慎重对待离婚，努力减少对孩子的伤害。

如果夫妻感情真的不存在了，父母当然应该果断地从无爱的婚姻中走出来。当然，在离婚过程中，父母要避免把消极情绪传递给孩子，更不能把婚姻的失败归结为孩子。离婚大战并非只有硝烟弥漫的情形，选择和风细雨地分手也是一种可能，而且这种方式对孩子身心的伤害会大大减小。此外，父母一旦选择离婚，就要把“父母离异”当作孩子人生中必须面对的无数挫折中的一个，让他们坚强起来，而不是陷入消极的状态中，最后沉沦下去。

在家庭教育中，父母带给孩子最大的幸福就是有一个完整的家，家都没有了，良好的家庭教育又从何谈起呢？所以，父母如果真的爱孩子，就应该站在孩子的立场上想一想，谁都不希望看到自己拥有一个破败不堪的家。父母离婚带来的不仅是家庭的破碎，更重要的是造成孩子心灵上的创伤。因此，面对当前离婚率逐年上升的趋势，父母在追求个人幸福的同时，也要重视孩子的需求，关注孩子的成长。

5. 重新组合的家庭更要培养孩子的亲情

有一个新组合的家庭，父母两人都因为工作关系在外出差，只请了一个保姆照顾两个孩子的饮食起居。一个周末，哥哥和弟弟为了一个玩具争执起来。哥哥说："这个玩具是我的，你不能玩！"弟弟毫不示弱："那是我爸爸给你买的，那是我爸爸的钱买的！"最后，两个人动起手来。

起初保姆并没有在意，直到哥哥用扫把将弟弟打得头破血流时，她才意识到问题的严重性，立刻把孩子送到了医院。结果，这一对兄弟在幼小的心灵里埋下了怨恨，直到长大成人都对彼此保存着很深的偏见，更不要说对家庭产生好感、给予对方照顾了。

目前，我国大多数家庭都是一个孩子，但是对重新组合的家庭来说，孩子面临着异父、异母或非血缘关系的兄弟（姐妹），面对这种情形，父母需要扮演好自己的角色，学会让他们融洽相处。

父母离异，会对孩子的心灵带来难以估量的消极影响。而当父母再婚，重新组合家庭以后，孩子面对陌生的家庭成员，又会产生心理距离。这时候，孩子通常会对新成员敬而远之，对陌生的兄弟（姐妹）有很大的芥蒂。

为了让家庭成员和睦相处，为了让孩子与家庭新成员建立互信、互爱的关系，父母要主动拉近孩子们之间的距离，在他们之间架设起沟通的桥梁，共同感受到家庭的温暖与和睦。

与一般家庭相比，重新组合的家庭更要培养孩子的亲情，帮助孩子友好相处。特别需要指出的是，父亲或母亲在处理孩子之间的矛盾时，不仅要坚持公平、公正的原则，有时还需要把天平偏向非亲生孩子的那一方，因为这样做更容易获得对方的信任，从而建立亲密的关系。

在现代社会生活中，人们追求生活满意度的自由大大增加，离婚现象比较普遍。作为父母，除了要享受个人情感生活与自由选择外，还需要给予孩子更多关爱。这种关爱不仅是物质上的，更包括精神上的照顾以及对非亲生子女关系的引导、塑造。只有真正让孩子感受到新家庭的温暖，让孩子获得心灵的回归，父母才能称得上称职，才能与孩子一起成长，分享生活的美好与甜蜜。

（1）父母要引导子女之间相互爱护、谦让。只有保持这种相互尊重的基础，孩子之间才能展开对话，建立和谐的关系、发展浓浓的亲情。父亲或母亲不能以亲生或非亲生决定自己的态度，那样做只能恶化孩子之间的矛盾。

（2）父母要在日常生活中引导孩子“爱护”家庭成员。比如，有人在房里睡觉，就要告诉孩子慢慢走路，轻轻关门，小声说话，不要打扰别人；而当兄弟姐妹遇到困难时要给予帮助，获得荣誉时要一起分享。

写给父母的话

“兄弟如手足”，重视亲情是中华民族的传统美德。兄弟姐妹之情是与生俱来的，一个人遇到困难的时候，得到兄弟姐妹的帮助很容易渡过难关。目前，我国大多数家庭都是一个孩子，但是帮助孩子与伙伴、同学建立兄弟般的情感，也是很有必要的。而对那些重新组合的家庭来说，如何让同父异母、同母异父或没有血缘关系的孩子融洽相处，则是摆在父母面前的一个现实课题。

6．校园欺凌在伤害你的孩子吗

一天晚上，小瑞被同学约去外面玩耍。突然，在黑暗中一阵掌声响起。“让我们欢迎年级第三名的到来，恭喜恭喜！”小混混王鑫大声叫喊着。小瑞当然不会理会这一套，就在他准备离开的时候却被另外几个人拦住了。

“原来好学生就这么怕事呀？哈哈，这么怂！”贾航挑衅道。“在老师面前，你不是挺能装的吗？平日里就看你不顺眼。”

小瑞也不甘示弱，三言两语便回击过去。看起来很正常的一个维权行为，却被那群小混混给占了理。突然，从黑暗中跳出来一个被大家所公认的“傻子”，在众人的撑腰下对小瑞进行了常人所不能接受的羞辱。这还没完，可恶的王鑫竟然还找了嫉妒心特强而且爱造谣生事的汪卫在一旁观看。

随后几天，汪卫便在学校里面无休止地散播这一事件，这深深伤害了小瑞。很快老师便知道了此事，结果只是对那几个惹事的学生进行了批评教育，并没有过多地对小瑞进行相关的心理疏导。

之后，类似的暴力事件倒是没有再发生在小瑞身上了，可是取而代之的却是汪卫对小瑞发动的冷暴力。汪卫等人联合起来孤立小瑞，还时不时含沙射影，让越来越多的人开始疏远小瑞。

而小瑞向老师报告实情，却被认为小题大做，甚至认为小瑞过于敏感了。

校园欺凌指的是一种长时间持续，并对个人在心理、身体和言语遭受恶意的攻击，且因为欺凌者与受害者之间的权力或体型等因素不对等，而不敢或无法有效地反抗。校园欺凌的欺凌者可以是个人，也可以是群体，透过对受害人身心的压迫，造成受害人愤怒、痛苦、羞耻、尴尬、恐惧。

研究发现，校园霸凌给受害人带来的伤害往往是不可逆转的。这种行为不只发生在校园，也发生在校外，甚至在互联网上。因此，一旦孩子遭遇这种情况，学习和生活都会受到严重干扰和破坏，造成严重的心理问题。

小瑞不仅遭受了身体上的伤痛，也经历了精神上的侮辱。在学校，老师知道了此事之后由于处理方式欠佳，既没有对那些害群之马做出严惩，也没有对小瑞进行相关的心理疏导，由此导致了接下来的恶性循环。这对一个品学兼优的学生来说，无疑是毁灭性的打击，同时对那些害群之马则是一种过分的放纵。

当孩子遇到校园暴力或者是有被欺凌的迹象时，父母一定要重视起来。稳定孩子的情绪，理解和同情孩子，给予他们充足的安全感。

平日里，父母要注意孩子的行为和心理，察觉微小的变化。如果孩子在心理上出现害怕上学、害怕出门、交友焦虑等情况，要借助专业人士给予孩子心理层面的帮助。同时，也要第一时间和学校沟通，拿起法律的武器保护孩子，不应鼓动或煽动其找人来报复，以免引起更大的争端。

2010年，美国教育发展中心在一份研究报告中指出，64%的孩子被欺

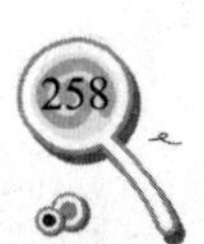

凌后，一味地选择隐忍；只有36%的孩子选择寻求帮助。因此，父母要细心关注孩子行为的变化，及时发现并制止欺凌行为。

校园欺凌是孩子成长过程中不得不面对的问题，也是一个日益突出的社会现象。它不仅让受害者遭受身体上的折磨，也给受害者心灵成长带来严重伤害，甚至毁了孩子一生的幸福。父母一定要多和孩子沟通，让他们免受校园欺凌。许多时候，可能就是因为您的一次冷漠，导致了孩子内心深处一生的伤疤。

第19章 仇恨情绪：孩子，别用变形的镜子看世界

让孩子成为一个宽容的人，他们心中才会有爱，才会懂得感恩。被仇恨情绪困扰的孩子没有快乐，也不知道什么是幸福，内心充满了风雨。不去怨恨周围的人和事，孩子才能与这个世界和解，让内心安定下来。

1．先学会爱家人，才能爱他人

周末，妈妈和小明在家休息。忽然，妈妈感觉胃里一阵难受，接着就急忙跑到厕所里哇哇地狂吐起来。那种感觉简直让人难以忍受，妈妈的心情糟糕透了。

看到这种情形，4岁的小明居然学着妈妈的样子一阵狂叫，似乎还在为自己的模仿洋洋得意。身心疲惫的妈妈简直气坏了，但是转念一想，孩子就是孩子，何必跟他计较呢？于是，妈妈让小明到另一个房间里自己玩，自己要休息一下。但是，小明根本不听话，围在妈妈身边上窜下跳。

妈妈本来想躺在床上休息一会儿，小明却让妈妈帮他做这做那，没有一点儿安生。

妈妈最后实在忍不下去了，就对小明说："明明，妈妈现在身体很不舒服，你应该关心一下妈妈，问一下妈妈怎么了，哪里不舒服，这样才是好孩子。还有，妈妈不能陪你，你自己安静一会儿好吗？"然而，小明根本无动于衷，仍旧我行我素。妈妈看着眼前的孩子，心里真不是滋味：为什么孩子这么不懂事，对最亲爱的人都不关心呢，连起码的爱心都没有。

生活中，父母对孩子可以说给予了无微不至的爱护，而且这种爱是不求回报的，是父母的一种本能。坦率地说，父母不求孩子如何报答自己，但是当自己遇到麻烦、身体不舒服的时候，却渴望孩子能多些体贴和关爱，这是一种人之常情。

一旦看到孩子对自己漠不关心，对其他家人也很冷漠，父母往往会为孩子缺乏爱心而苦恼。缺乏爱心的人往往没有责任感，而缺乏爱心的孩子不可爱。

战争结束了，一个年轻的战士从国外给父母打回电话："爸爸妈妈，我准备回来了，但是我有一件事请求你们答应，我想带一个朋友和我一起回家。"爸爸妈妈以为孩子交女朋友了，高兴地说："当然好啊！我们很高兴认识她。"

但是年轻人说："不，他是我的战友，而且受了重伤，少了一条胳膊和一条腿。他现在走投无路，所以我想让他和我们一起生活。"

父母听到这里，立刻迟疑起来："孩子，我们理解你的心情，可是像他这样残障的人会对我们的生活带来很大负担，我们还有自己的生活，不能就让他这样破坏了。最好帮他找个安身的地方。"

忽然，年轻的战士挂断了电话，父母再也没有他的消息了。过了几天，父母接到了来自国外的电话，告诉他们亲爱的儿子已经自杀身亡了。当地警方证实，这是一起单纯的自杀事件。父母两人伤心欲绝地来到国外，并在警方带领之下认领儿子的遗体。

让他们吃惊的是，儿子居然只有一条胳膊和一条腿，原来他在电话里说的那个战友就是他自己。后来经过询问得知，儿子在战争中受伤了，他担心父母不能接受自己，所以才有了电话里的那段对话。父母明白了真相以后痛不欲生，对自己当初的行为追悔莫及！

上面这个年轻战士的行为有点极端，但是这个故事却带给我们很大震撼，应该引起每个人的思考。如果孩子的父母当初有一颗同情心、多点爱心，答应孩子的要求，那么悲剧或许就可以避免了。在这里，我们无心责怪那对父母，只是想让大家明白：关爱他人就是关爱自己。

兄弟和睦、关心家人，是家庭幸福的基础，是社会和谐的保证。中国传统社会重视爱与亲情，认为亲属之间的爱是最基本的。“老吾老以及人之老，幼吾幼以及人之幼”，一个人只有爱家人，才能做到爱他人、爱国家、爱社会。

一个人连自己的父母、兄弟都不爱，怎么能关爱他人、服务社会呢？孩子没有亲情，不懂得爱家人，就不知道帮助别的小朋友，就不是可爱的孩子，将来也不可能是一个有爱心的人。

当然，父母发现自己的孩子缺乏爱心，千万不能着急，更不要一味指责孩子，或者怨天尤人。正确的做法是冷静下来，分析一下问题出在哪里，并寻找解决问题的措施，从而帮助孩子找回丢失的爱心。

榜样的力量是无穷的，父母经常帮助别人，给予他人照顾，孩子

就能看见你对别人的痛苦和希望表现出来的关心，并在日后生活中清楚自己该怎么做。比如，父母之间要恩爱、体贴，在餐桌上给孩子夹菜的同时，也不忘给爱人夹一筷；外出购物给孩子买玩具的时候，也不忘和孩子商量给爸爸或妈妈买什么礼物。

2. 别做压制孩子兴趣的“敌人”

云飞从小就对象棋着迷，表现出浓厚的兴趣与卓越的才华。初一那年，他参加了市里的象棋比赛，并获得第一名。对此，爸爸感到十分高兴，但又担心长时间下象棋会影响孩子学习，于是开始限制孩子下棋。

对此，云飞很痛苦，他希望爸爸能够尊重自己的兴趣，于是费尽心机与之进行谈判。最终，爸爸一声大吼：“你怎么这么不懂事，不许再下棋了！”云飞立即像泄了气的皮球一样，倒在椅子上。面对桌面上堆积如山的参考书，他感觉自己快要窒息了。

看到其他小伙伴沉浸在下象棋的快乐中，云飞感到非常压抑，甚至开始仇恨爸爸，如果不是他执意地压制了自己的兴趣，一定会有更多成长的乐趣。于是，他开始疏远爸爸，甚至整天不和爸爸说上一句话。

眼见着父子亲情一点点地消失，爸爸很伤心，他极力想挽回孩子的感情，可是阻止孩子发展个人兴趣这件事，成了云飞心中解不开的死结。后来，爸爸主动为儿子报了一个象棋辅导班，两个人的关系才开始缓和。

心理学家认为，兴趣驱使人接近自己所喜欢的对象，驱策人对事物进

行钻研，探索创新的、有趣的或个人爱做的事，并带来成功和成就。对孩子来说，培养他们的兴趣非常重要，如果压制他们的兴趣，不但无助于他们自身的健康成长，也会激起他们的反抗。

爱因斯坦说："兴趣是最好的老师。"童话大王郑渊洁也曾说过："不要在孩子不感兴趣、还没有能力理解的时候，让他做任何不感兴趣的事情。"显然，当孩子忘我地投入做一件事的时候，他（她）就是天才。

兴趣影响着孩子的一生，压制孩子的兴趣等于扼杀孩子的未来。当孩子做感兴趣的事情时，往往容易全身心投入，最易见成绩；相反，人生最不幸的是自己的兴趣被扼杀，如果父母凭主观意志要求孩子放弃感兴趣的事情，做一些不感兴趣的事情，孩子也很难取得成绩。

今天，很多父母总是喜欢把自己的兴趣强加给孩子，从而残酷地剥夺和压制孩子的兴趣，以至于孩子虽然在物质生活上得到了满足了，可是他们的心灵并没有得到满足和快乐。一个年仅6岁的孩子，因母亲强迫他学弹钢琴而把自己的手指弄断。而他自己本来就讨厌钢琴，为了不让自己再碰琴，孩子选择了这种极端的做法。这让人感到无比痛心。

所有的父母都希望自己的孩子能拥有一个光明的前程，美好的未来，快乐的心态。可是真正有利于孩子发展的，是充分理解并尊重孩子的兴趣。孩子只有做自己喜欢做的事情，才能全心全意，最后取得成功。压制孩子的兴趣就是扼杀孩子的未来。

（1）要承认孩子的兴趣和爱好。

每个人都有自己的兴趣，父母不要把自己的爱好和兴趣强加在孩子身上。当孩子提出不同的兴趣时，父母要表示认可，并鼓励孩子坚持做自己喜欢的事，不要半途而废。

（2）根据孩子的实际情况，帮助他们选择兴趣。

有的父母为了不让孩子输在起跑线上，拿出大量的金钱让他们参加各种技能培训班。可是孩子很不开心。显然，家长应该根据实际情况，以孩

子的兴趣为主，帮他们选择适合自己的兴趣。

（3）不要随便干涉孩子的兴趣。

生活中，父母在准备干涉孩子的兴趣爱好之前，一定要先与孩子进行沟通，尊重孩子自己的选择。毕竟孩子也有自己的思想。千万不要强行压制孩子的兴趣。

一定要记住，“兴趣是最好的老师”。尊重孩子的兴趣，就是对孩子的未来负责。压制孩子的兴趣，就是扼杀孩子的未来。孩子对某件事有了兴趣，就会积极主动地要求学习、喜欢学习和坚持学习。学习兴趣首先表现为对学习过程本身的喜爱，是儿童求知的内在动力。父母尊重孩子的兴趣，让他们学到知识、展示才华，才能赢得信赖，密切亲子关系。

3. 在生活中培养孩子的同情心

丹丹与同桌晓雯闹矛盾了，两个人已经一周不说话了。妈妈知道了这个情况，准备找机会帮女儿走出情感的旋涡，变得开心起来。

这一天，妈妈带着丹丹去上学，刚走到楼下，就碰到晓雯的爸爸。“丹丹，晓雯今天病了，不能去上学了。你和妈妈到学校的时候，帮晓雯向老师请个病假。谢谢！”听了晓雯爸爸的请求，妈妈满口答应下来。

可是，丹丹心里不高兴，埋怨妈妈为什么轻易答应对方。妈妈笑着

说：“丹丹，你上个月生病的时候，什么感觉？现在还记得吗？”丹丹说：“当然记得，特别难受。”

妈妈接着说：“是啊，生病的人很难受，现在晓雯就是这个样子。晓雯爸爸还要照顾晓雯，我们帮她顺便向老师请假，不好吗？”丹丹想了想说：“恩，晓雯这么难受，一定需要别人帮助。妈妈，我明白了。”

就这样，妈妈开导女儿学会换位思考，努力做一个有同情心的孩子，及时打开了丹丹与晓雯的隔阂。从此，她们又成了好朋友。

一个人的成长离不开朋友，孩子从小与朋友一起学习、玩耍，对促进他们的身心健康发展是非常重要的。研究表明，孩子从小一个人独处，缺乏同龄的朋友，心理素质会受到不良影响，长大以后与人打交道的能力也会大打折扣。所以，父母有责任帮助孩子交朋友。

朋友之间，不仅有共同的话题、享受在一起的快乐，还有一方遭遇困难时，另一方给予的无私援助。假如大家高兴的时候玩得非常开心，出现困难的时候就分道扬镳，那么这样的友谊是很难长久的。因此，父母要让孩子懂得：交朋友的原则之一是帮助对方。其实，更深层的意义在于，今天我们帮助了对方，日后我们遇到困难时才能得到对方的帮助，而不至于让自己成为一个孤家寡人。

当然，让孩子学会帮助他人，并不是出于功利目的，而是发自内心的一种愿望。对父母来说，最重要的就是培养孩子的同情心。孩子对身边的人和事有爱心和同情心，自然就会在力所能及的时候伸出援助之手，并让提供帮助成为自己的一种责任。

生活中，一些孩子不合群、不喜欢交朋友，这与他们内心世界缺乏友爱精神有很大关系。此外，有的孩子喜欢虐杀小动物，或者欺侮弱小的

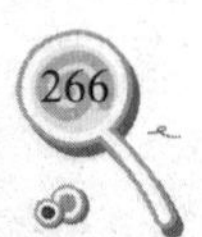

人，则是一种充满攻击性的残忍行为，是缺乏同情心的结果。

其实，每个人都有动物性的一面，对外攻击也是人的本能反应。但是，人还有社会性的一面，必须遵守法律、道德规范的制约。孩子在成长的过程中，需要接受社会规范、依靠道德约束克制自己的攻击本能，培养同情心和爱心，才能学会与他人相处，发展友谊。

父母一旦发现孩子表现出某种残忍行为，大可不必惊慌，也不要对他们加以斥责。一般来说，孩子年纪小的时候心理认知水平很低，道德观念也比较薄弱，所以父母应该对孩子加强善良情感方面的教育内容，培养孩子的爱心和同情心，从而压抑他们本能的攻击性。

有些孩子之所以很难与人相处，并且容易和对方发生矛盾，是因为他们对陌生的人和事充满芥蒂或敌意。对这种情况，父母要经常带孩子到朋友家、社区周围转转，让他和陌生人说话；在周末的时候，带孩子到动物园、自然博物馆去参观动物，或者到大自然中接触各种动植物，使孩子懂得动物是人类的朋友。这样一来，孩子就能开阔心胸，打开心扉与周围的人和事接触，在充满爱心的同时拥有一颗同情心。

有了这个基础，孩子才能大方地与小朋友打交道，在相互了解的基础上建立良好关系、发展友谊。而当朋友遇到困难的时候，则会伸出援助之手，给予对方必要的帮助；日后自己遇到挫折的时候，也会得到别人的大力支持。

写给父母的话

孩子在成长过程中，不仅需要家人的帮助，还需要朋友的关怀。特别是当他们步入社会以后，更需要朋友的支持，才能在人生道路上走得更好。因此，从小帮助孩子交朋友，引导他们和真诚、热情的人发展友谊，让他们学会帮助朋友。

父母有责任帮助孩子正确认识身边的人和事，学会热爱生活，具有一颗同情心。如果发现孩子性格孤僻，不愿意和人打交道，父母要引起足够的重视，和他们谈心。如果问题严重，则要对孩子进行心理干预，向专业儿童心理顾问求助。

4. 用灵动的故事引导孩子学会宽容

前几天，小威跟一个同学吵架了，随后两个人谁也不理对方了。爸爸知道了这件事，决定帮助儿子摆脱仇恨情绪，学会与同学和解。

晚饭后，爸爸看到小威无所事事，就喊他过来听故事。小威非常高兴，耐心地听爸爸讲了一个以德报怨的故事。

有一个人去旅行，刚出门就碰到了一个坏人。对方一路跟随他，抢走了他的钱，他又气又恼。不久，这个人再次外出，经过悬崖时，他看到那个劫匪正在崖边的树下睡觉。当时，他只要一脚就能把对方踹下去。但是，这个人放弃了，转身离开。

走了没多远，他又返回来，把劫匪喊醒了。这是为什么呢？原来，他担心劫匪在睡梦中跌落悬崖，所以出于好心将他从熟睡中喊醒。

听到这里，爸爸对小威说：“见义勇为，以德报怨，都是道德赋予每个人应该做的事情。而有机会报仇却放弃，还能够帮助仇人，这才称得上是高尚的行为。”

小威听了爸爸的话，有所顿悟。第二天，他主动找到同学，与对方重归于好。

仇恨来自多个方面，也许是遭到了对方侮辱、打击，也许是亲人或朋友遭受了诋毁。因为受到外界攻击而愤怒，进而产生仇恨情绪，是正常的情绪反应。但是时过境迁之后，如果永远背着仇恨的包袱，那是一种负担。

对孩子来说，如果因为一件小事或某个人心怀怨恨，不但生活毫无快乐可言，而且对他们的心灵成长也没有任何好处。身上背着仇恨的包袱，会压得人喘不过气来，还是趁早扔掉为好。孩子本来就应该无忧无虑，把有限的精力投入到有意义的学习、生活中去，才是正确的选择。

发现孩子与人有私怨，父母要帮助他们走出怨恨的泥潭，重拾快乐的心情。通常，孩子喜欢听故事，父母可以用灵动的故事让他们感同身受，得到启发和借鉴，引导引导孩子放下仇恨，轻装上阵。

（1）讲故事的时候要充分考虑孩子的理解能力。

不要给孩子讲一些深奥难懂的故事，因为他们听不懂。根据孩子的理解能力，讲一些适合的故事，更容易达到教育和启迪的目的。比如，对年龄小的孩子要讲一些童话故事、动物故事，稍大一些的孩子可以听一些历史故事、战争故事。总之，父母一定要考虑孩子的理解能力，否则就无法引起他们的兴趣，也不能达成所愿。

（2）听到孩子过激的言语，父母要坚决制止。

当孩子产生不良的情绪时，家长要及时的制止，防止危害孩子的身心健康。比如，给孩子讲了一个主人公被欺负的故事；这时，孩子说：“妈妈，我真想把那个恶人杀死！”此时，家长需要先肯定孩子正义的心理，接着引导孩子思考正确解决问题的方法，不可助长孩子急躁、暴力的情绪。

（3）孩子表达正确的观点时，父母要及时鼓励。

比如，孩子听完故事对妈妈说："妈妈，我喜欢那只小象，它总是很开心，很乐观。"这时，家长要表扬孩子，因为孩子已经产生了形成良好情绪的欲望。这时，家长的鼓励会给孩子动力，有利于孩子形成良好的情绪。

在孩子小的时候，父母要养成每天为他们讲故事的习惯。所讲的故事要精挑细选，不可盲目乱讲，也不能讲一些迷信的故事。父母要根据孩子的实际情况，选择一些有益孩子情绪发展的小故事，志在通过这些小故事渗透给孩子好情绪。

5．原谅伤害过自己的人

大厅里，一位满脸歉意的工作人员正在安慰一个4岁的小孩儿，孩子已经哭得筋疲力尽。原来，那天孩子较多，这位工作人员一时疏忽，在儿童网球课结束后少算了一位，将这位小孩留在了网球场。

等她发现人数不对时，才赶快跑到网球场，将这位小孩带回来。小孩因为一人待在偏远的网球场，饱受惊吓，所以哭得很伤心。

如果你是那个小孩的妈妈，你会怎么做？是痛骂那位工作人员一顿，还是直接向主管抗议，或是很生气地将小孩带走？都不是！只见孩子的妈妈蹲下来安慰孩子，并且说："已经没事了。那位姐姐因为找不到你而非常紧张难过。她不是故意的，现在你必须亲亲那位姐姐的脸颊，安慰她一下！”

听到这里，孩子踮起脚尖，亲亲蹲在身旁的工作人员的脸颊，轻轻地告诉她：“不要害怕，已经没事了。”

孩子的宽容心是一种非常珍贵的感情，它主要表现为对别人过错的原谅。这种感情对于孩子良好人际关系的建立、个性的健康发展，尤其是情感的健康发展，有着非常重要的意义。

经验表明，富有宽容心的孩子往往心地善良，性情温和，惹人喜爱，受人拥护，而自己内心也非常快乐。而缺乏宽容心的人往往性情怪诞，易走极端，不易为人亲近，因而人际关系往往不好。

生活中，父母要引导孩子用宽容的心面对周围的人。这样他们也会得到别人的宽容，成为一个快乐的孩子。

（1）让孩子明白，人人都有缺点，学会理解他人。

金无足赤，人无完人，有缺点和不足乃是人性的必然。在集体生活中，在与别人交往中，要容忍别人的失误、过失，要耐心听取别人的意见，尤其是批评意见，只要对方说得有一定道理，就应愉快地接受。

和同学相交，和朋友相处，完全没有必要求全责备，完全可以求同存异。对朋友的缺点和不足，对同学心情不好时所说的话和所做的事，没有必要事事计较，事事都论个公平合理。多原谅一次人，多给人一次宽容和理解，同时也就为自己多找了一份好心境。

（2）引导孩子多与同伴交往，开阔胸襟。

宽容的品性不是听出来、说出来的，而是在交往活动中培养出来的。孩子在与同伴的交往过程中，会发现同伴的优点和缺点，在赞扬同

伴的优点时，会感受到同伴的喜悦；在原谅同伴的缺点时，会体验到宽容的快乐。

胸怀开阔、性格开朗的人一般善于处理以下几个关系：一是能正确对待和处理同学之间的矛盾；二是能听取各种不同意见；三是能经得起成功和失败、表扬和批评。

（3）学会“心理换位”。

许多孩子只习惯于从自己的角度思考问题，而不习惯于站在别人的角度上思考问题。要消除这种现象，办法就是“心理换位”，也就是当双方产生矛盾时，能够站在对方的角度上思考问题，思考对方为何会如此行事、如此说话。

能够“心理换位”，能够站在对方的位置思考，能够设身处地地多为对方设想，生活中的许多矛盾就都容易化解了。孩子站在父母的角度上考虑，就会理解父母的良苦用心；站在同学的角度上思考，就会觉得大多数同学是可爱、可亲、可交的。

宽容不仅体现在对人的态度上，也表现在对物和事的态度上。父母要引导孩子见识多种新生事物，让孩子喜欢并乐于接受新生事物，承受事物所发生的意想不到的变化，善知变和应变。如让孩子了解各种奇观奇迹，观察生活日新月异的变化，允许孩子独辟蹊径地解决问题。孩子一旦习惯于纳新和应变，他对世间的万事万物也就具备了宽容之心。

第20章　孤独情绪：警惕孩子在孤独中走进封闭的人生

在成长过程中，孩子需要父母关爱，也需要老师和同学相伴，在与人相处的过程中实现心灵成长、心理健康。孤独的孩子无法体谅与人相处的乐趣，会封闭心灵，让内心荒芜。父母要伸出援助之手，在孩子孤独落寞的时候出现在现场，成为他们的依靠。

1. 再忙也要抽时间陪伴孩子

康康是一个秀气的男孩，白皙的皮肤，看上去干干净净的样子。这样一个花样年华的少年，本来应该坐在明亮的教室里。然而，此刻他却是躺在床上，接受心理医生的治疗。

原来，康康平常很少说话，是一个严重自闭症患者。心理医生经过诊断宣布，康康患有严重的心理疾病。通过进一步了解，医生找出了原因。

多年来，康康的父母感情不和，常常因为一点小事就吵得不可开交。

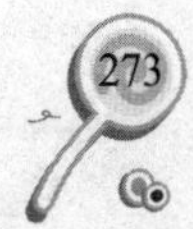

那时，康康只有5岁，看到父母吵架非常恐惧，甚至躲进衣柜中。结果，这个习惯一直延续到现在，有时遇到烦心的事情，他仍然把自己关在衣柜中，显得非常孤独。

后来，爸爸和妈妈离婚了，康康跟随爸爸生活。有一次，康康在街上看到妈妈，朝她奔跑过去。可是，妈妈显得很冷漠，根本不理睬他。这让康康很伤心，感觉自己被整个世界抛弃了。

从此，康康像变了一个人，不哭、不闹、不说也不笑了。即使爸爸主动和他说话，他也不怎么搭话。为了此事，爸爸非常着急，而正是这段时间爸爸的工作也不顺利，干脆早出晚归，喝得醉醺醺才回家。后来，爸爸干脆出手打孩子，让康康的病情日益加重。

生活中，有的父母常常因为工作忙，没有时间陪伴孩子。他们认为，陪孩子不重要，重要的是能为孩子提供优渥的物质生活，别让孩子吃苦受累。所以，大多数人都在忙于挣钱，忙着工作，花在孩子身上的时间很少。

结果，孩子虽然物质条件很丰富，但是内心并不幸福，少了爸爸妈妈的陪伴，每天的日子总是缺少了亲情和温情。于是，现在很多孩子孤独、自闭，整个人情绪十分低落。父母很少陪伴孩子，导致他们不能从中感受到家庭的温暖，如果在幼年留下孤独的体验，那么这种消极情绪一生也挥之不去。

孩子每天都在成长，心情每天都在改变，如果在许多关键时刻少了父母在场，他们就会少了应有的幸福感，甚至被一些不良的、消极的情绪围困住，陷入万劫不复的深渊。许多父母忽然发现，孩子长大了，而自己陪伴他们的日子很少，于是一股愧疚之情油然而生。

因而，建议父母朋友们一定抽出时间给孩子，无论工作多忙，每周也要抽出时间多陪孩子，给孩子读一些童话故事，或是听听孩子的心声等，要做孩子坏情绪的终结者。只有父母经常陪伴在孩子的身边，孩子才能健康、快乐地成长，才能突破情绪的围城，迎来光明、多姿的未来人生。

一项研究表明，孩子在幼年时期常与父母交流，并得到父母无微不至的关爱，他们在情绪调节方面和心态方面都很健康、乐观。反之，如果孩子得不到父母的关爱，或是在童年时就失去了完整的家庭，就会在孤独的世界里悲伤地长大。这种孩子的心灵是非常孤独和脆弱的，情绪也极度不稳定。

人生的幸福就是陪伴家人，尤其是孩子。因而，家长一定要给孩子足够的关心和爱护，尽可能地抽时间陪伴，帮助他们突破情绪的围墙，不让孤独、自闭等不良情绪吞噬孩子的心灵。

（1）陪孩子玩耍。

父母和孩子一起做游戏，是一种陪伴孩子的最佳方法。很多人的童年记忆中，最难忘的就是和父母一起做游戏的情节。多和孩子做游戏，会增加孩子的幸福感，让孩子的心情愉悦，摆脱各种不良情绪的困扰。

（2）多和孩子沟通。

不管孩子遇到什么样的不良情绪侵扰，父母都要及时地与孩子沟通，及时引导、疏解孩子的不良情绪。为此，家长需要多和孩子沟通，了解孩子的状况，让他们感到爸爸妈妈时刻守护在身边。

（3）陪孩子吃晚餐。

对孩子而言，父母的陪伴就是力量。现在社会节奏快，家长面临的生活压力也很大。但是不管怎样，父母都要尽可能多地陪伴孩子用餐，至少是晚餐。吃饭的过程是一家人共叙天伦的最佳时机，父母要放下白天的工作，主动关心孩子，让他们感受到自己拥有一个幸福完美的家。

对孩子而言，最重要的不是优越的物质生活，而是父母的爱。他们希望父母可以多陪陪自己，多和自己交流一下，度过童年时期各个艰难的时刻。显然，少了父母的陪伴，他们会更加迷茫，内心更加无助。

2. 感同身受地体谅孩子

小强：妈妈，我不喜欢这件衣服，不想穿它。

妈妈：不许胡闹，这件衣服是舅舅花钱给你买的，穿起来很帅气。

小强：不，我就是不喜欢！

妈妈：别胡闹了，快穿上去上学吧！

小强：妈妈，今天很热，这件衣服太厚了。

妈妈：今天有风，外面有人穿毛衣了。

小强：不，我不怕冷。

妈妈：听话，赶快穿上！

小强：不，我怕热。我要穿那件蓝色的衣服。

妈妈：你太不听话了，已经到了上学的时间。

……

最后，小强和妈妈几乎要争吵起来了。一方面，小强怪妈妈不理解自己的真实想法，无法体会自己的感受；另一方面，妈妈嗔怪孩子太固执，不听劝告，快要耽误了上学的时间。

渐渐地，小强感觉自己的许多想法都得不到妈妈的理解和支持，情绪变得急躁、困惑、易怒。自己的合理要求得不到满足，小强感觉很孤独，甚至不愿意去上学了。

孩子在成长过程中，并非只是与单纯、快乐为伍，他们会遭遇困惑、无助等情形，每天的日子也充满了挑战和不确定性。为此，孩子经常有沮丧情绪或挫败感，此时父母应该充分理解孩子的感受，给予安抚与慰藉。

然而，许多父母无法理解孩子的真实感受，不善于满足孩子的真正需求，甚至强硬地要求孩子按照自己的安排做事。孩子得不到应有的尊重和理解，内心就会变得孤独、无助，进而引发其他消极情绪。

比如，当孩子遭遇挫折时，父母不应该指责，应该体贴地说一声：“那你一定很难过”或“我为你感到遗憾”。这样一来，就能与孩子站在同一条战线上，让他们的心灵得到抚慰，增进彼此的感情。

在日常交流中，父母别轻易对孩子说“不”，而应多采用肯定的语气和措辞。这样沟通，能够让孩子得到积极的回应，增加他们面对困难的勇气和自信，从而增强行动的信念和力量。有时候，父母要善于取悦孩子，满足他们特定的心理需求，让他们感受到家庭的温暖。

父母都爱自己的孩子，爱是这个世界上最具神奇能量、最神圣的一种情绪。它可以融化孩子心中的坚冰，可以点燃孩子心里的希望。需要注意的是，父母应该恰如其分地表达关爱，泛滥无章的关爱可能把孩子推向情绪的深渊。

实际上，父母常用成人的眼光看待孩子，担心孩子走弯路，走错路，于是对孩子的很多行为都横加干涉。其实，孩子希望有自己的空间，希望得到父母的理解。显然，他们对世界有自己的理解和看法。

(1) 多关心孩子，增进信任与理解。

孩子有时是很寂寞的，父母要多花点时间和精力，关心孩子的日常起居、行为表现。孩子感受到家庭的温暖，内心就不再孤独，从而在脸上绽放笑容。

(2) 站在孩子的角度看问题。

孩子的世界是充满童趣的，许多事情在家长眼里很幼稚，可是在孩子看来却充满乐趣。为此，父母必须具备一颗童心，与孩子产生心灵共鸣，真正设身处地地体谅孩子。

(3) 把握时代特色，理解孩子的各种想法。

父母和孩子的生活时代不同，观点和思想也不同。为此，父母应更多地接触新事物，与时代接轨。这样，家长才能更好地体谅孩子。

所有父母与孩子之间的一切冲突、隔阂、沟通障碍等问题，都源于他们不能感同身受地体谅孩子。其实，很多孩子一直都生活在家长的阴影下，像个小木偶一样，被操控着。而父母却从不考虑一下孩子的感受和心情。这种不理解孩子的做法，严重地影响着孩子情绪健康、身体健康和心理健康。

3. 懂得关爱与付出就能融入团队

马可是一个内心敏感的孩子，虽然学习成绩很好，但是不合群，身边

的朋友很少。让父母焦虑的是，他弃学了。家人轮流给马可做思想工作，最后终于发现了症结。

原来，马可很孤独，学校里的其他小朋友都不愿和他玩。每次课间自由活动时，他只能形单影只地站在角落里，看着别人做游戏。在内心深处，他很想过去和大家一起玩，可是担心把衣服弄脏，回去被妈妈骂。

渐渐地，马可越来越不愿意活动，渐渐地适应了一个人独处的日子，越来越不能融入集体了。学校里人很多，却几乎没有人理睬他，马可越来越不愿踏进学校的大门了。

找到原因后，父母开始有意识地请小朋友来家做客，提供一些玩具和零食，想让他们和马可一起玩。可是，每当小朋友们把玩具玩腻了，零食吃完了，就会一哄而散。这时，马可会紧紧把着门，哭泣着说："再玩一会儿吧！"

妈妈问小朋友们为什么不喜欢和马可一起玩儿。大家回答："以前在一起玩的时候，马可总是考虑自己，不照顾别人的感受，让他共同承担一些事，也不答应。所以，后来就没有人喜欢和他玩了。"

研究发现，婴儿都喜欢成人的爱抚、亲近，这就是最初的"集体欲"。显然，当孩子精神上得到满足之后，身心才会健康成长。婴儿长到周岁，这种集体欲就更为强烈，他特别喜欢和同龄孩子一起玩，开始转向对社会性的需要。

然而，个别儿童会出现不合群的情况，这是不正常的现象。孩子不合群，会出现言语及认识方面的异常，表现为2岁以后不爱讲话，不爱与其他人接近、交往，对别人的呼喊没有反应，也不跟人打招呼。并且，孩子社会交往能力和行为差，表现为对亲友无亲近感，缺乏社会交往方面的兴趣和反应，不爱与伙伴一起玩耍。

不喜欢与人交往的孩子缺少爱的能力，不利于良好个性的形成，会出现性情孤僻等特点。那么，为何会出现这种局面呢？

第一，父母感情不和或者家庭遭受挫折，造成孩子性格孤僻，不愿接受他人。生活中，孩子心理压抑，不喜欢与人打交道。

第二，有的父母替孩子做了所有的事，孩子没有主见，适应环境的能力比较差。因此，孩子不喜欢与同伴玩耍，更喜欢一个人独处。

第三，有的父母对孩子过分宠爱，保护过严，不准走街串门。由于孩子长期失去与人交往的机会，显得很胆怯，一见到陌生人态度就不自然，更不会主动找小朋友玩耍。

从成长的角度看，孩子缺乏交际的机会，很难适应今后的集体生活和社会生活。所以，父母应激发孩子活泼的天性，让他们有一定时间和伙伴们玩耍。对于胆小的孩子，应创造机会，鼓励他们多与人接触。

(1) 给孩子提供交往的机会。

可以邀请一些邻居或同事家的小朋友，来家做客。为孩子多提供一些交往的空间。这样，逐渐引导、改善孩子的不良情绪。

(2) 鼓励孩子参加各种形式的团体活动。

父母要鼓励孩子参加一些团体活动。在这些活动中，要鼓励孩子参与进去，亲身体会团队中的合作与付出。最终，让孩子在团队中明白关爱和付出的真谛。

(3) 放手让孩子和小朋友一起做游戏。

带着孩子去找其他小朋友，让他们玩自己喜欢的游戏，让孩子们在游戏中互相了解，由此锻炼孩子的合作能力，并适时告诉孩子，要为别人着想。

写给父母的话

人是一种群居动物，离开了团队，人是难以生存的。很多父母只关心孩子的学习成绩，完全忽略孩子在其他方面的素质培养，以至于孩子出现孤僻的情绪，自私、不能融入团队、交际能力差。这样的孩子即使成绩再好，也不能成才。

因此，家长应审视自己的教育方式，重视孩子团队精神的培养，让孩子在团队中懂得关爱与付出，从而培养孩子良好的情绪调节习惯。

4. 缺少关爱的孩子更容易出问题

“妈妈，今天在体育课上比赛跑步，我得了第一名。”小轩高兴地对妈妈说。

“和谁跑步啊？这么热的天，也够难为你们的。”妈妈淡淡地问了一句。

“当然是和同学一起跑，分成几个组，体育老师测试时间。结果，我跑得最快，老师夸我很有运动天赋！”小轩高兴地说着，脸上带着得意的笑容。

“哦，知道了。今天有作业吗？快去写作业吧！”妈妈好像没有听到小轩说的话，也没注意孩子兴奋的神情。

听到妈妈这么说，小轩像被浇了一盆冷水，感觉非常失望。随后，他

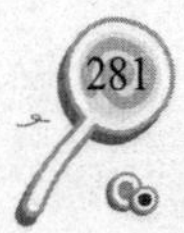

闷闷不乐地躲进了自己的房间。他不明白为什么自己跑了第一名，妈妈却一点都不高兴，更没有夸奖自己。

生活中，父母常常在孩子不需要关心的时候，给孩子过分的呵护；而当孩子需要赞扬和鼓励的时候，却因为怕孩子骄傲而故作冷淡，或者根本不把孩子取得的成绩放在心上。在关键时刻不能照顾孩子的情绪，会严重挫伤他们的积极性，甚至引发叛逆行为。

父母要密切关注孩子的情绪健康，并在必要的时候，为孩子排忧解难。给予适当的关爱，让孩子感受到父母的爱，有利于他们增强战胜挫折的勇气，排解内心的无助感，有能力应对各种压力和挑战。

在家庭中，孩子的情绪更容易完全地、真实地展现出来，而且由于亲情的亲和力，孩子还会在家庭中把其他环境中积压的不良情绪宣泄出来，从而使情绪得到某些平衡。因此，父母必须对孩子的情绪明察秋毫。

有时候，孩子因为渴望得到赞扬、鼓励、关爱的情绪没有得到满足，便出现了失望、闷闷不乐的消极情绪，甚至为此又哭又闹。有的父母不明白怎么回事，还在责怪孩子不懂事、爱惹麻烦。

此外，有时候孩子会产生一些激烈或极端的情绪反应，比如“我一定要考100分”“我必须在体育比赛中拿第一名”等，往往源于孩子的非理性想法。这种极端的想法往往带来过多的压力或情绪困扰，父母可以协助孩子建立理性及现实的想法，从而减少内心的冲突和困扰的情绪，获得愉悦、幸福的心理体验。

（1）善于倾听孩子的弦外之音。

称职的父母应乐于倾听并善于倾听孩子的弦外之音，从孩子的倾诉中真切地感受和把握他们的喜怒哀乐。在此基础上，才能真正了解孩子在想

些什么，要求什么，希望什么。孩子感受到爱与理解，更有利身心健康。

(2) 从生活细节上对孩子予以关注。

从生活的点点滴滴入手，时刻不忘从生活细节上对孩子予以关注，有利于让孩子获得幸福感。无论什么样的家庭教育都应当体现出对孩子的人文关怀，这种关怀应从生活的细枝末节入手，让孩子感受到父母的理解、尊重、关爱，从而影响孩子的心灵，孩子才能健康成长。

(3) 在孩子的话语中发现不良情绪的端倪。

多和孩子沟通，在谈话中捕捉孩子内心世界的变化，给予必要的抚慰和慰藉。当然，父母要给孩子创造宽松的家庭环境，让孩子畅所欲言，充分表达自己的心声。

体贴孩子，积极响应孩子的需求，这样的父母对于孩子的成长相当重要。孩子需要体贴爱护，这对于他们的情绪安定和感受亲子间的亲情有着重要的影响。持续得到父母给予的温暖的关爱，体贴的照顾以及肯定的回馈，有助于孩子认知能力和情商的发展。